范耘硕　编著

SPM 南方出版传媒
广东科技出版社｜全国优秀出版社
· 广州 ·

来玩玩球鞋

FOR THE LOVE OF THE SNEAKER

图书在版编目（CIP）数据

耘硕说鞋 / 范耘硕编著．—广州：广东科技出版社，2019.12
ISBN 978-7-5359-7371-9

Ⅰ．①耘… Ⅱ．①范… Ⅲ．①运动鞋—基本知识 Ⅳ．① TS943.74-49

中国版本图书馆 CIP 数据核字（2019）第 256905 号

耘硕说鞋

Yunshuo Shuoxie

出 版 人：朱文清

责任编辑：刘　耕　刘锦业　　设计总监：戴晓萌　　摄影：MSOLE 团队

责任校对：李云柯　杨崚松　　责任印制：彭海波

出版发行：广东科技出版社（广州市环市东路水荫路 11 号　邮政编码：510075）

销售热线：020-37592148 / 37607413

http: //www.gdstp.com.cn

E-mail: gdkjzbb@gdstp.com.cn（编务室）

经　　销：广东新华发行集团股份有限公司

印　　刷：广州市岭美文化科技有限公司

（广州市荔湾区花地大道南　海南工商贸易区A幢 邮政编码：510385）

规　　格：889mm × 1 194mm　1/16　印张 19.25　字数 400 千

版　　次：2019 年 12 月第 1 版

2019 年 12 月第 1 次印刷

定　　价：480.00 元

11
AIR JORDAN XV
136029 D61
12
AIR JORDAN
136016 001
ER 1617
10
AIR JORDAN 8 RETRO
AIR

《耘硕说鞋》简介

2017年9月，范耘硕制作的球鞋分享类栏目《耘硕说鞋》正式上线，栏目的宗旨是希望每一位热爱球鞋的朋友可以做到知球鞋、懂球鞋、爱球鞋。栏目通过分享球员专属版球鞋，可以让观众更深入地了解每一双球鞋背后的故事。除了分享球鞋文化故事，范耘硕还会介绍球鞋相关的词汇，以及个人的收藏经验和心得。他希望可以通过《耘硕说鞋》传达一种正确的球鞋收藏价值观，那就是，买自己所爱，珍惜自己所拥有，永远不要忘记自己当初为什么要买球鞋。《耘硕说鞋》栏目上线至今，得到了众多球鞋爱好者的一致好评，全网“粉丝”数已超过1600万。

为了让大家更方便地查阅资料，并且可以看到很多难得一见的球员专属版球鞋，范耘硕从2018年开始筹备，经过近两年的努力，终于整理出《耘硕说鞋》这本含金量很高的球鞋文化图书。在书中，范耘硕将收藏的每一双球员专属版球鞋最美的细节都展示给大家。同时，还将球鞋相关的故事以及个人对球鞋文化的理解，通过最接地气的描述方式，与读者进行交流。礼盒中还随书附赠了由范耘硕整理归纳的一本“球鞋/球衣相关词汇”小手册，希望通过最简单明了的方式，让热爱球鞋的你，可以获得对球鞋文化更深层次的理解。除此之外，礼盒中还有一套《耘硕说鞋》限定版贴纸。

范耘硕认为，球鞋文化之所以称之为文化，就一定需要交流、分享、传播以及传承。把自己知道的事，毫无保留地告诉大家，这是作为一个球鞋文化传播者的责任和义务。范耘硕给自己的定位是，他只是一个在给大家讲球鞋故事的人。希望通过《耘硕说鞋》这本图书，可以让越来越多喜欢听球鞋故事的人，慢慢地变成那个讲故事的人。

FAMOUS PROVERBS

马迅

“朝花夕拾寸心，纳物格致存珍。岁月易老，梦里容颜如新。知足，知足，一往情深少年。有些东西并不只是被收藏在鞋盒里，而是在我们的内心。因为我们收藏的是那些与球鞋相关的青春和记忆……”

左述

“不要玩鞋。”

恶魔 E

“收藏是收给自己观赏用的，而不是跟他人比较的。每双鞋背后都有一个小故事，有时候了解鞋背后的故事胜过鞋子的价值。”

carter1203

“球鞋本身不具有生命，履人却赋予了它真正的意义。”

名家箴言

Autohao 凹凸

“球鞋是容器，记载了我们的青春！我们的故事！球鞋是一座桥梁，连接了全球喜爱球鞋的人们。认识老范以后感受到他对于球鞋莫大的热情！他一双双球鞋背后的故事，就让我们通过这本《耘硕说鞋》来感受吧！致敬！”

ye_wa

“听说梁朝伟郁闷的时候掏个来回机票从香港飞巴黎找个广场喂喂鸽子，然后回到香港就像没事发生一样。按老范在毒 App 动态里晒出来的鞋子，其实我也是想掏个机票钱去他家里参观一下，当然啦，成本贵，但值得。然后有天老范找我说，他把家里的鞋子拍了个遍，出书了。听到这个消息，我内心的状态是：喜大普奔啊各位，机票钱都省了！”

Alex Zhang

“球鞋本无生命与内涵，它们无外乎是皮革、塑料、织布以及橡胶等不同材质组合而成的运动装备。但因为有那么一些人，他们以球鞋作为青春记忆的载体，为它们倾注了心血，并愿意将这些故事分享给身边更多志同道合的人，球鞋也便因为他们，有了属于自己的生命与内涵。显然，老范就是这样一位让球鞋不再仅仅是球鞋的人。对于老范的书，我有三个词希望特别留在这里：恭喜、致敬、感谢。”

AJCLUB 主理人、SneakerCrew 校长 @ 孙陵 _wolfysun

“我和老范因球鞋相识，篮球给了我们对球鞋最初的热情，慢慢走上了球鞋收藏和球鞋文化推广的路。现在很多球鞋爱好者开始都可能是跟风而进入球鞋圈，但既然爱了，就请深爱！学习球鞋的知识，了解球鞋历史和传承球鞋文化，把自己喜欢的东西分享给更多的人，慢慢好像也变成了我们这群‘老鞋头’的使命一样！希望更多的人能了解球鞋文化，希望你们看完这本书后会与我们一起爱上这一辈子都不可能离开的球鞋。”

自序

闲着的时候总是爱幻想未来世界的样子，从 8 岁开始收集邮票、古钱币、古玩、古籍善本、烟标、毛主席像章，这一切看似与那个年纪的我毫不相干，然而，我就是那样一个喜欢探索未知，喜欢研究过去，热衷于猜测未来的一个人。好奇心就像烙印一样，永远都是我认知世界的一个必然存在的因素，或许当某一天我失去了好奇心，我便不再是我。

运动，是每一个青春期男孩表现自我的重要方式之一，无论是学校运动会，还是足球比赛，又或是篮球比赛，当我们听到场边女孩们的呐喊声的时候，仿佛是给我们注射了强心剂，完全激发出了我们的荷尔蒙。表现欲在这个时候越发地膨胀，我也是在这个时候爱上了篮球，直到现在都没有改变。伤痕累累的篮板，没有篮网的篮筐，粗糙的水泥地，然而，我们依然快乐。那时候，我并没有过多地在意装备的重要性，有时候穿皮鞋，有时候穿跑鞋，有时候甚至还会穿真正的老北京布鞋，好像我们都只专注在篮球上，而不是脚上。直到有一天，看见一起打球的同学，上脚一双奇才队主场白蓝配色的 Air Jordan 17（那时的我，完全是一个球鞋小白，不要说 Air Jordan，就连 Nike 和 Adidas 系列的球鞋，我都叫不出名字，所以我当然不认识什么 Air Jordan 17。但是，该有的审美还是有的。）这双鞋的颜值瞬间让我把焦点从篮球转移到了脚上，原来篮球鞋也可以这么帅气！从此便踏上了一条热爱球鞋的不归路。

学生时代，刚刚开始接触球鞋的时候，我也是跟大家一样，每周都会关注球鞋发售信息，越来越多的款式和配色，让我眼花缭乱，恨不得都将它们买回来。也是从那个时候落下的毛病，打量一个人，先从脚上的鞋开始。并不是“以鞋取人”，只是忍不住要看看各式各样的球鞋，毕竟我们不可能拥有所有发售的球鞋，这种快乐是难以形容的。

随着年龄的增长，或许成熟了，也或许是审美疲劳了，每次去买一双新发售的球鞋的时候，突然感觉不到曾经那份激动了。经过沉淀和思考，我意识到，自己不可以再这样一味地买买买，因为这并不是表达我对球鞋热爱的一种正确方式，或许我要做一些改变，去了解球鞋背后更多的故事和知识。从那以后，我不再是“逢鞋必买”，而是提前做好功课，了解这双鞋或者配色的意义何在，也会认真地问自己：“我是否真的喜欢这双鞋？”买自己所爱，珍惜自己所拥有，我认为，这才是对自己爱好的一种完美诠释。

有人说，买球鞋会上瘾，所以，如果你喜欢球鞋的话，自控则是一项基本技能。永远不要跟风，不要追高，不要把所有焦点都放在球鞋的市场价值上，回归初心，问一问自己，你是否真心喜欢这款鞋。“这次发售量大吗？”“它会升值吗？”“价格会跌吗？”“我现在买亏不亏啊？”“这双是倒闭款，买不买？”当你的焦点从这些问题上慢慢转移的时候，或许那一刻就是你真正明白球鞋会带给你快乐的开始。

收藏球员专属版球鞋（Player Exclusive）也是机缘巧合，曾经的我，只是纸上谈兵，从国内外知名球鞋收藏家所发的动态当中一点点积累知识和信息，并没有真正亲眼见过，更别说亲手触摸到任何球员专属版球鞋了。我也曾经无数次地在社交软件上给其他藏家发信息、留言，想要了解更多关于球员专属版的信息，结果当然是没有得到任何回复。出于好奇心和坚持不懈的态度，我通过各种方式搜集资料，不断总结，加上有幸得到我的第一双球员专属版球鞋，Michael Jordan 亲穿并且亲签的 Air Jordan 8。当我第一次将这双我视为珍宝的球鞋放到社交媒体上与大家分享的时候，慢慢地才有其他藏家愿意与我交流，就这样，我又开始了一段看似没有尽头的球员专属版球鞋的收藏旅程。

随着藏品的不断增加，知识的不断积累，我开始想要去了解，何谓“球鞋文化”？很多人认为我很成功，因为我收藏了很多大家难得一见的球鞋。然而，如果我欣然接受了这份“成功”，我便偏离了我当初决定收藏球鞋的道路。在我看来，国内球鞋文化与国外之间的差距已经越来越小，越来越多的球员专属版球鞋流入国内收藏家手中，并不代表我们财大气粗，而是我们更有探索精神和积极了解文化的意识。我们谦逊的态度，积极深入学习各类文化，懂得交流分享心得，这些都是我们优秀的中国文化的一部分，也是我国越来越强大的重要因素之一。我们的物质生活得到满足的同时，精神文化则成为我们生活中不可或缺的组成部分。球鞋知识需要分享，球鞋故事需要传承，抛开这些，又何以称之为文化。

2017 年 9 月，我创办了《耘硕说鞋》这个栏目，通过我的分享，希望所有热爱球鞋的朋友们可以对自己的球鞋多一份了解。在节目里，我跟大家聊每双鞋的设计背景故事，球鞋上细节设计的意义，球员的相关信息，球鞋相关的小知识等一系列内容。我还建议大家尊重球鞋设计师，并且希望大家可以摆正球鞋收藏的价值观。有时候，我老婆会问我，你花了这么多精力和时间去总结内容，毫无保留地分享给大家，目的是什么。我说，因为我热爱篮球，热爱球鞋，我也希望所有和我一样的朋友们能够做到知球鞋、懂球鞋。球鞋文化只是众多文化当中的一个小小的分支，我希望可以尽我所能，做好这个文化的传播者，哪怕只有一个人跟我说，《耘硕说鞋》是一个有意义的栏目，我也会心满意足，继续坚持做下去。准备《耘硕说鞋》这本书的目的，是希望在跟大家分享我所有藏品细节的同时，也可以让大家了解到平时想了解，但是很难找到答案的一些内容。

球鞋就和人一样，都是有寿命的，不可能永存。无论如何保存，它最后依然会氧化、粉化。然而，想一想它见证了球员在场上的拼搏和很多个历史时刻，至少它美丽过，精彩过，辉煌过。人也一样，只要我们在有限的生命里做一个有价值的人，一个对他人和社会有意义的人，那么，也不枉我们有过精彩的一生。

目录

UPPER DECK
LOCKER SERIES
LIMITED EDITION NBA SERIES
Six collectible boxes featuring
Michael Jordan
3
NBA BASKETBALL CARDS
UPPER DECK
LOCKER SERIES
LIMITED EDITION NBA SERIES
Six collectible boxes featuring
Michael Jordan
4
NBA BASKETBALL CARDS
UPPER DECK
LOCKER SERIES
LIMITED EDITION NBA SERIES
Six collectible boxes featuring
Michael Jordan
5
NBA BASKETBALL CARDS
UPPER DECK
LOCKER SERIES
LIMITED EDITION NBA SERIES
Six collectible boxes featuring
Michael Jordan
6

Chicago Bulls
KING
21
JORDAN
23
54
CHICAGO BULLS
Professional

第一章

Michael Jordan
迈克尔·乔丹

Michael Jordan

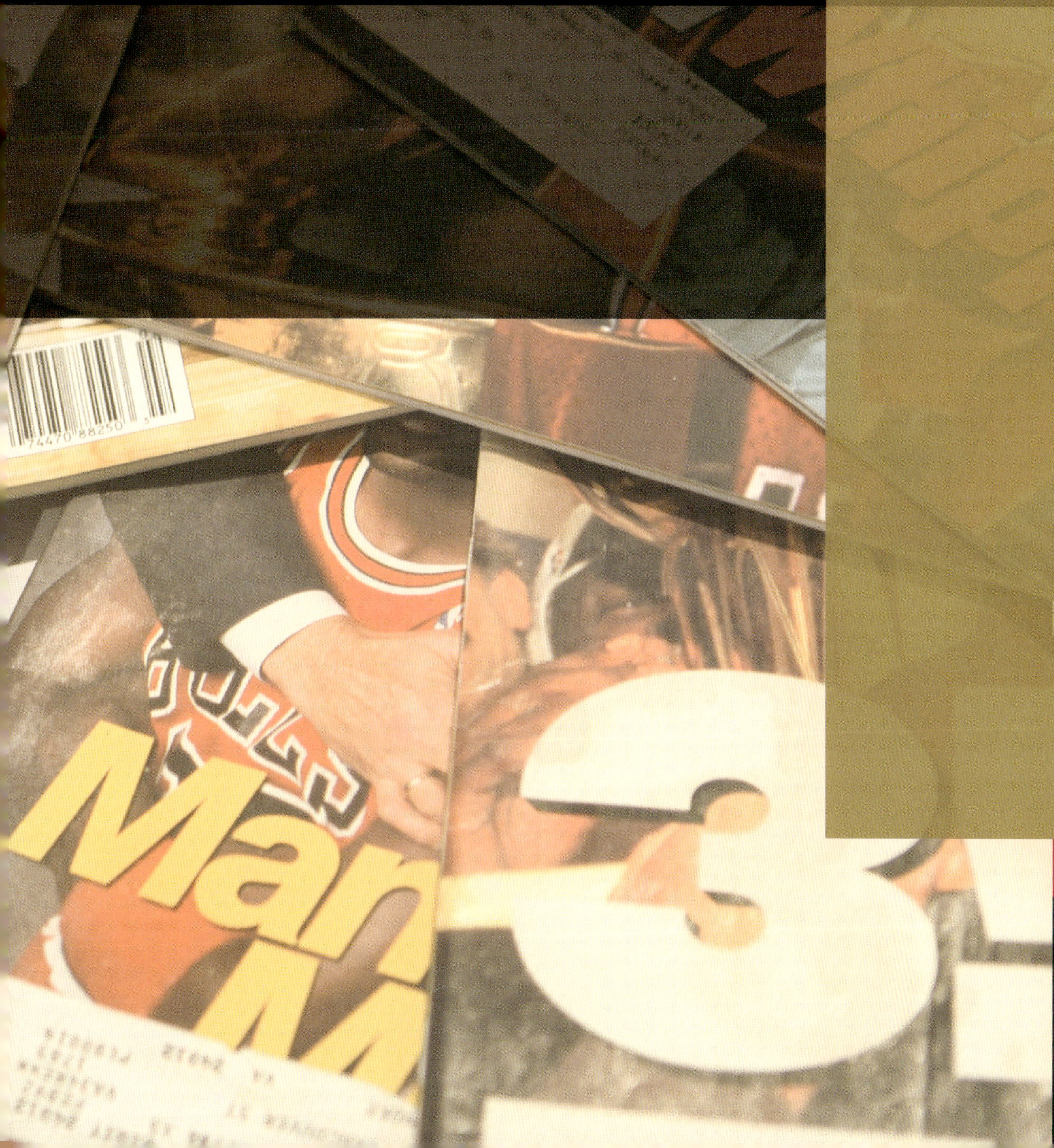

迈克尔·乔丹 1985—86 赛季 亲穿、亲签 Air Jordan 1 芝加哥
Michael Jordan 1985—86 Season Autographed Game Worn
Air Jordan 1 Chicago

Air Jordan 1 是 Air Jordan 系列球鞋的开始，也是能够见证 Michael Jordan 如何成为篮球传奇巨星的一款球鞋。时至今日，Air Jordan 1 仍然是最为经典的球鞋款式之一。

这双 Michael Jordan 亲穿的 Air Jordan 1 和元年市售版相比，有几处不同。首先，根据 Michael Jordan 当时伤病的情况，Nike 特别将高帮版改为中帮（Mid Cut）设计；另外，左脚 US13 码，右脚 US13.5 码，这种搭配也是在市售版中不存在的；最后，作为球员专属版，总会有与市售版不同的编码，鞋身内侧印有“TYPS”字样，“TY”为代工厂的代码（TONG YANG），而“PS”则为“Promo Sample”的缩写（另一说法为“Player Sample”的缩写），市售版是不会印有“PS”字样的。

1985 / 1986

1985

Michael Jordan 在这双鞋上的亲笔签名，也是当年的字迹，风格与后期的签名有很大不同。早期的签名格式很严谨，也多采用全名签，可以很清楚地认出“Michael Jordan”字样，是目前非常难得一见的签名款式。

CHICAGO

Air Jordan 1

无论 Air Jordan 系列球鞋设计到哪一代，人们永远都会记得 Air Jordan 1，它不仅仅是一个传奇的球鞋系列的开始，也是见证 Michael Jordan 所有荣耀的开始。

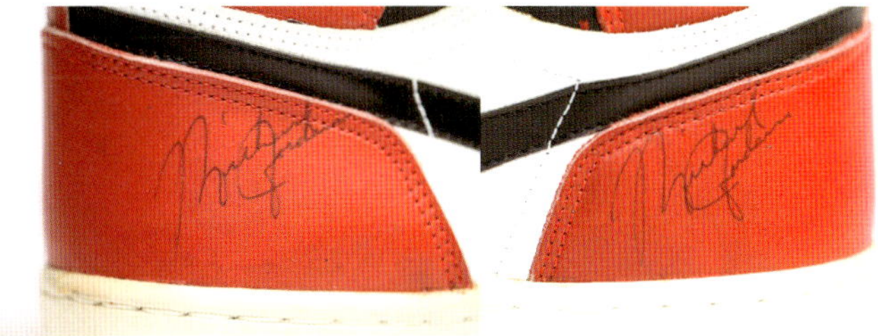

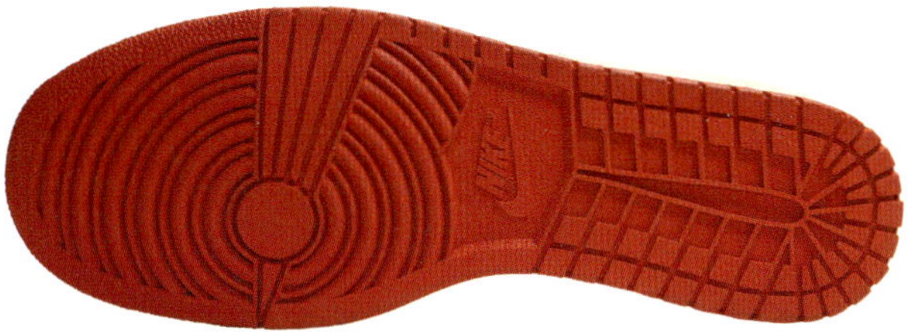

迈克尔·乔丹 1988 年 3 月 10 日 比赛亲穿、亲签 Air Jordan 3 白水泥
Michael Jordan 1988/3/10 Autographed Game Worn
Air Jordan 3 White Cement

1988年3月10日，芝加哥公牛队主场迎战洛杉矶湖人队，Michael Jordan 正是穿着这双球鞋，得到38分，并且带领芝加哥公牛队以128 ∶ 107战胜洛杉矶湖人队。赛后第二天（1988年3月11日），时任芝加哥公牛队的一名工作人员，鼓足勇气询问 Michael Jordan，是否可以把这双鞋送给她，她打算作为生日礼物送给她的哥哥。Michael Jordan 非常友好地答应了她的请求，并且分别在两只鞋上都签上自己的名字，还标注了日期“3-11-88”。

这也是为什么这双球鞋是 Micheal Jordan 在1988年3月10日比赛亲穿的，但是签名标注的日期是1988年3月11日的原因。签名款式依然是 Michael Jordan 早期的全名签的风格，尤其“i”上面的那个点，也在这两个签名中完美地呈现出来了。

1988

Michael Jordan 在 1988 年 NBA 全明星扣篮大赛中，也是穿着同样款式配色的 Air Jordan 3，完成了一个永远载入 NBA 和篮球史册的扣篮动作，罚球线起跳扣篮（Free-Throw-Line Dunk），并且赢得了那一届的扣篮大赛冠军。不仅如此，Air Jordan 3 还伴随 Michael Jordan 获得了当年常规赛 MVP（最有价值球员奖）、年度最佳防守球员，以及全明星 MVP。

1988

Air Jordan 3

由于这双鞋原本的中底部分粉化严重，所以我特意找了专业人士，将中底部分进行了置换，就好比文物修复，希望可以让这双极具意义的球鞋，能够保存得更久一些，让更多的人可以欣赏到它的美，感受到 Michael Jordan 当年驰骋在球场上的风采。

迈克尔·乔丹 1990—91 赛季 亲穿、亲签 Air Jordan 6 胭脂红

Michael Jordan 1990—91 Season Autographed Game Worn

Air Jordan 6 Carmine

1988
Air Jordan 3
NIKE
AIR
NIKE
AIR

1990—91 赛季开启了 Michael Jordan 首个三连冠，也正式揭开了“公牛王朝”的序幕。

199

在 1990—91 赛季，Michael Jordan 常规赛平均每场得 31.5 分，命中率 53.9%，6 个篮板和 5.5 次助攻，第二次获得年度最有价值球员。在他的带领下，公牛队打出了当时球队史上常规赛最佳战绩 61 胜 21 负。公牛队在季后赛首轮和次轮相继击败纽约尼克斯、费城 76 人，东部总决赛以 4:0 横扫底特律活塞，过去所谓的“乔丹法则”难以奏效。总决赛中，Michael Jordan 更是上演了高难度的最佳得分动作“The Move”，最终，芝加哥公牛队以 4:1 击败洛杉矶湖人队，夺得 NBA 总冠军，Michael Jordan 当之无愧获得了总决赛最有价值球员（FMVP）。

01

Air Jordan 6

Air Jordan 6 深受广大鞋迷喜爱的重要原因之一，也是因为 Michael Jordan 穿着这款战靴夺得了他职业生涯的第一个 NBA 总冠军。这双 Michael Jordan 1990—91 赛季常规赛亲穿的 Air Jordan 6 胭脂红，原本的 Michael Jordan 亲笔签名，因为时间和保存的原因，已经褪色。但是，后来有幸由 Michael Jordan 本人补签了两个签名。所以，这双鞋是我众多球鞋收藏中，最为珍贵的藏品之一。很多人问我，看到这双鞋中底部分粉化如此严重，心疼吗？平心而论，我的确心疼，但是我是一个喜欢正面思考事物的人，我反而会把这些问题当作我更加珍惜它、保护它的一个理由。

AIR

迈克尔·乔丹 1993 年 4 月 22 日 比赛亲穿、亲签 Air Jordan 8 兔八哥
Michael Jordan 1993/4/22 Autographed Game Worn
Air Jordan 8 Bugs Bunny

1992—93 赛季，Michael Jordan 带领公牛队实现了第一个三连冠。因此，Air Jordan 8 战靴也在 Air Jordan 系列球鞋中，占有举足轻重的地位。

这双 Michael Jordan 1993 年 4 月 22 日 比赛亲穿、亲签的 Air Jordan 8 对我有着重要意义。首先，1993 年 4 月 22 日是 1992—93 赛季，公牛队在主场—— 芝加哥体育馆（Chicago Stadium）的最后一场常规赛比赛。公牛队在加时赛中，以 109 ∶ 103 击败了底特律活塞队。赛后，Michael Jordan 将这双球鞋签名后，送给了在这个体育馆工作多年的一名保安人员。另外，4 月 22 日是我太太的生日，而这双鞋也是我个人珍藏的第一双 Michael Jordan 亲穿的球鞋，所以，我会格外珍惜它。虽然这双鞋因为时间久远的原因，已经出现部分粉化的现象。然而，这并不影响我继续热爱它的心，就好比残破的古籍善本，一定有它存在的意义和价值，因为这也是历史的一部分。

WORLD CHAMPIONS

THREE PEAT

1991 1992 1993

Air Jordan 8

1993

AIR

Air Jordan 11

1995—96 赛季，Michael Jordan 积极地投入训练，带领公牛队刷新了常规赛获胜记录，72 胜 10 负，胜率 87.8%，取得当时 NBA 史上最佳成绩，超越了由洛杉矶湖人队自 1971—72 赛季创造的 69 胜 13 负，保持了 24 年的纪录。最终在总决赛中，芝加哥公牛队以 4 : 2 击败西雅图超音速队，时隔两年重获 NBA 总冠军。另外，大面积的漆皮材质、外露的碳板、透明水晶底，这些都是 Air Jordan 11 的设计亮点。

72-10

1993 年 10 月 6 日，Michael Jordan 第一次宣布退役。大约离开 NBA 一年半，1995 年 3 月 18 日，Michael Jordan 一句 “I’ m back.” 重新回到了 NBA 的赛场上，让全世界的篮球迷们再度沸腾。

迈克尔·乔丹 1995—96 赛季 亲穿 Air Jordan 11 Concord
Michael Jordan 1995—96 Season Game Worn

Air Jordan 11 Concord

问：“你最喜欢的 Air Jordan 是哪一款？”
答：“Air Jordan 11”
问：“你最喜欢的 Air Jordan 11 配色呢？”
答：“Concord”

我想，这是大多数人会有的答案，每年复刻的 Air Jordan 11 都会成为年度的重头戏。究其原因，除了非常符合大众审美的高颜值设计以外，当然也少不了乔帮主的冠军加持。

JORDAN
23

迈克尔·乔丹 1997 年 5 月 24 日 NBA 东部总决赛第三场比赛亲穿 Air Jordan 12 黑红

Michael Jordan 1997/5/24 NBA Eastern Conference Finals Game 3 Game Worn

Air Jordan 12 Bred

Air Jordan 12，优雅中带着霸气。

1996—97 赛季，公牛队依旧保持着强势，虽然常规赛 69 胜 13 负的成绩，未能延续 70+ 胜的纪录，然而，公牛队依然理所当然地打入 NBA 总决赛。总决赛的对手，是由史上最佳挡拆组合“邮差”马龙和“将军”约翰·斯托克顿带领的犹他爵士队。总决赛第一场，Michael Jordan 以一个压哨球成功绝杀爵士。前四场比赛，双方 2：2 战成平手，在最关键的第五场比赛前一晚，Michael Jordan 却因为食物中毒，出现发烧及脱水等症状。然而，Michael Jordan 在高烧的状态下，依旧有惊人的表现，他独得 38 分，并且在最后 25 秒时投进逆转比赛的三分球，最终率领公牛队以 90：88 获胜。这场比赛也被世人称为“流感之战（Flu Game）”。

Air Jordan 12
1997

Flu Game

Michael Jordan 在这场比赛中穿的就是这款黑红配色的 Air Jordan 12，所以，后来人们习惯性地称之为 “Flu Game” 配色。第六场比赛的最后时刻，Michael Jordan 吸引爵士队包夹，果断将球传给史蒂夫・科尔投篮命中，最终公牛队以总比分 4：2，赢得了第五座 NBA 总冠军奖杯。这双与 Michael Jordan 在总决赛第五场比赛亲穿的同款配色的 Air Jordan 12，是 Michael Jordan 1997 年 5 月 24 日 NBA 东部总决赛第三场，在迈阿密热火队主场比赛亲穿的，芝加哥公牛队以 98：74 赢得那场比赛。赛后，他将这双球鞋捐赠给慈善机构进行拍卖。

迈克尔·乔丹 1997 年 12 月 27 日比赛亲穿、亲签 Air Jordan 13 “He Got Game”
Michael Jordan 1997/12/27 Autographed Game Worn

Air Jordan 13 “He Got Game”

1997—98 赛季，是 Michael Jordan 以创纪录的单赛季 3314 万美元薪酬，与公牛队续约的一年，Michael Jordan 也表示这个赛季将是 “Last Dance”（“最后一舞”）。赛季之初，公牛队表现并不理想，皮蓬因伤连续缺席 38 场比赛，球员与球队总经理之间也因工资问题闹得很不愉快。然而，Michael Jordan 无愧 “领袖” 这个称呼，正是在球队状态低迷之时，他力挽狂澜，以极佳的表现和领导能力，帮助球队最终以 62 胜 20 负的不错战绩结束常规赛。当时已经 35 岁的 Michael Jordan 依然可以场均得 28.7 分，稳获得分王。

HE GOT GAME

1997

这款配色的 Air Jordan 13 是我们中国人特别喜欢，也颇有意义的一款。因为黑和白的搭配，加上 Air Jordan 13 的设计理念，有人给它起了一个非常具有中国文化和特殊意义的昵称——“熊猫”。虽然，我并不知道是谁最早提出这个昵称的，但是我个人感觉，非常形象，也非常贴切。

Air Jordan 13

这个赛季的 NBA 总决赛应该是所有观众都无法忘记的，公牛队再次迎战爵士队。尤其是总决赛第六场，公牛队作客爵士队主场，比赛剩余 10 秒的时候，公牛队还以 85 : 86 落后一分，Michael Jordan 则用 NBA 历史上最伟大、最经典、也略有争议的“The Last Shot”（“最后一投”），将比分反超为 87 : 86。虽然，公牛队还留了 5.2 秒给爵士队，但是最终爵士队未能实现逆转。公牛队以总比分 4 : 2 再一次战胜爵士队，夺得第六座 NBA 总冠军奖杯，也让 Michael Jordan 及公牛队完成了第二个三连冠。

迈克尔·乔丹 1997—98 赛季 亲穿 Air Jordan 13 芝加哥

Michael Jordan 1997—98 Season Game Worn

Air Jordan 13 Chicago

“猫眼”部分已经氧化到看不见里面的 3D 飞人，我们俗称为“白内障”，这是 Air Jordan 13 最常见的问题。当然，我指的是年代久远，并且保存不当的 Air Jordan 13 会发生的问题。有的人或许认为这是缺陷，让这双鞋变得不完美了，然而我却认为，这才是它该有的样子，自然的才是最好的，我们都要遵循大自然的规律，即使氧化，也依然无法掩盖它的美。

337142 PC8
US UK EUR CM
13 12 47.5 31
136002 101 00
999998
PAT.US4219945*4340626*
5083361*PAT PEND*FOR P

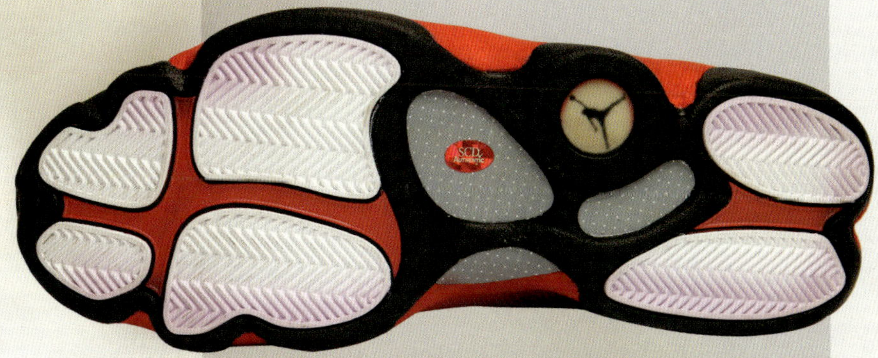

1997–1998

Air Jordan 13

迈克尔·乔丹 1997—98 赛季 季后赛亲穿 Air Jordan 13
Michael Jordan 1997—98 Season Game Worn
Air Jordan 13 Playoffs

球员亲穿或者比赛备用的球鞋还有另一个特点，就是每个球队的装备经理（Equipment Manager）会习惯性地在鞋标处或者鞋底等部位手写球员的背号。一是为了避免弄错装备，二是做一个记录，为了今后查阅信息时，可以更方便地知道这个装备是哪个赛季，甚至哪一场比赛所使用的。

当然，不仅仅是球鞋，球员比赛需要用的球衣，也同样会在不同地方（多数会写在下标处）标注比赛日期等相关信息。有的朋友或许会有疑问：“我们自己随便拿一支笔写上去也可以啊”，当然不是这么简单，因为除了手写信息这个特点以外，还需要同时匹配球员专属的编码、尺码，以及相关证明文件，才可以确保万无一失。

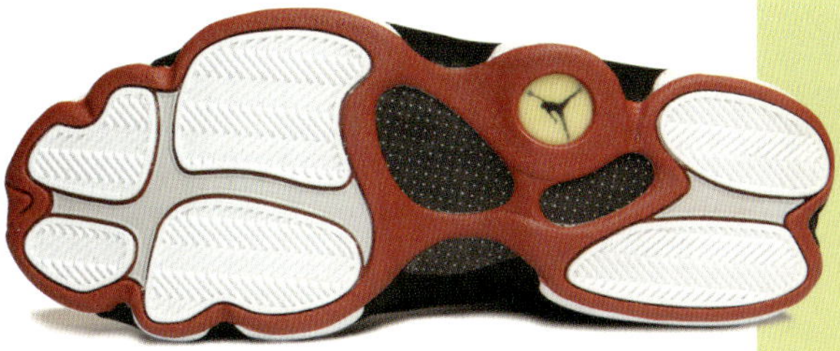

1997–1998

MADE IN CHINA
FABRIQUE EN CHINE
339549 Y3
US UK EUR CM
13 12 47.5 31
136002 061 00
999998
PAT.US4219945*4340626*
5083361*D387591*D38769
8*D387850*PAT PEND*FOR
PATS

迈克尔·乔丹 1997—98 赛季 比赛备用 Air Jordan 13 “He Got Game”
Michael Jordan 1997—98 Season Game Issued

Air Jordan 13 “He Got Game”

Game Issued，通常简称为 “GI”。顾名思义，Game Issued 指为比赛而准备的装备。在球鞋或者球衣收藏领域，Game Issued 通常指球队的装备经理为每一位球员准备的比赛上场所需要的球鞋或者球衣，但是因为各种原因，球员并没有使用，并且保持全新的状态。装备经理每场比赛都要准备这类备用球鞋或者球衣的原因有很多，比如：球员在激烈的对抗当中，意外导致受伤流血，可能球衣会被弄脏，又或者球衣被撕破，这时就需要换上备用球衣；球鞋方面，可能因为球员觉得脚感不理想，影响其正常发挥，也会选择换一双备用球鞋。当然，如果比赛一切顺利，球员就可能不会使用这些备用装备。

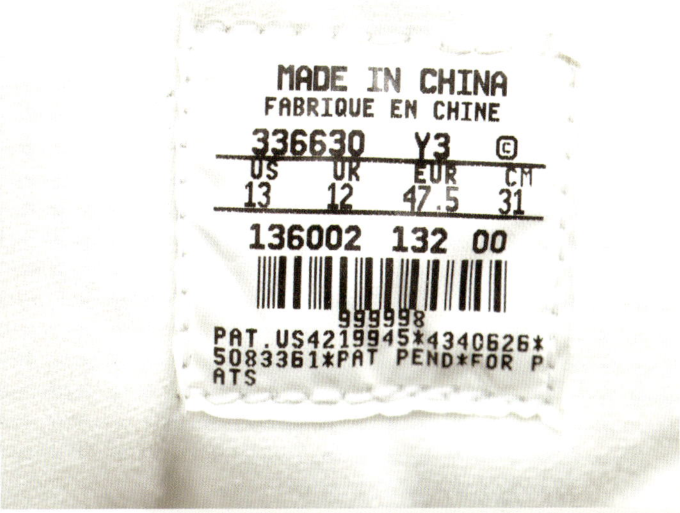
MADE IN CHINA
FABRIQUE EN CHINE
336630 Y3 ©
US UK EUR CM
13 12 47.5 31
136002 132 00
999998
PAT.US4219945*4340626*
5083361*PAT PEND*FOR P
ATS

迈克尔·乔丹亲签 Air Jordan 1 Retro Dave White “WINGS for the Future”
Michael Jordan Autographed

Air Jordan 1 Retro Dave White “WINGS for the Future”

出生于 1971 年的 Dave White （戴夫·怀特）是英国著名现代艺术家，除了全球巡展他自己的作品以外，他还同时与 Nike 和 Jordan Brand 进行合作。Dave White 很喜欢用刮刀进行油画创作，画面奔放自如，并且给人们一种比较强烈的色彩冲击。2011 年，Dave White 和 Jordan Brand 合作，共同推出了一款以经典的 Air Jordan 1 为设计基础的特别版，作为“WINGS for the Future”计划的一部分。

WINGS 是 Jordan Brand 的一个自筹慈善基金会，旨在回馈社会。该计划基于三大原则，涵盖教育、体育、创造力。每一项都在与美国加州洛杉矶 Inglewood High School（英格尔伍德高中）的合作当中有所体现。教育方面，WINGS 项目基金在该高中举办了一场作文大赛，并且为每一位表现优异的学生提供一个大学申请的名额；为学校的图形实验室捐赠了 10 台苹果电脑；为高年级班级捐赠了 10 台电脑。体育方面，WINGS 项目基金帮助该高中翻新了 6 个户外篮球场，并且给学生提供可以与 Jordan Brand 的运动员见面和学习的机会。最后在创造力方面，在该校举办了一场 T 恤设计大赛，并且邀请英国艺术家 Dave White 一同参与。

“WINGS for the Future”

这次合作一共推出两个版本，一个是限量 23 双的金色版本，并且这 23 双是以线上拍卖的形式发售，最后筹得的资金全部投入 WINGS 基金项目。另外，为了回馈大众，又特别推出了这款市售版，让所有人都可以参与其中，实为一双颇具意义的鞋款。

迈克尔·乔丹亲签 Air Jordan 23 Premier Titanium

Michael Jordan Autographed

Air Jordan 23 Premier Titanium

“全球限量 1058 双”“Michael Jordan 亲签”，这些标签似乎给这双球鞋增添了不少光彩。

2008 年，Air Jordan 系列球鞋的第 23 年，Tinker Hatfield 和 Michael Jordan 再度联手，打造了华丽的 Air Jordan 23。因为“23”这个数字的特殊性，当时很多人认为，这可能是 Air Jordan 系列球鞋的最后一款。时至今日，我们知道，传奇仍在继续。

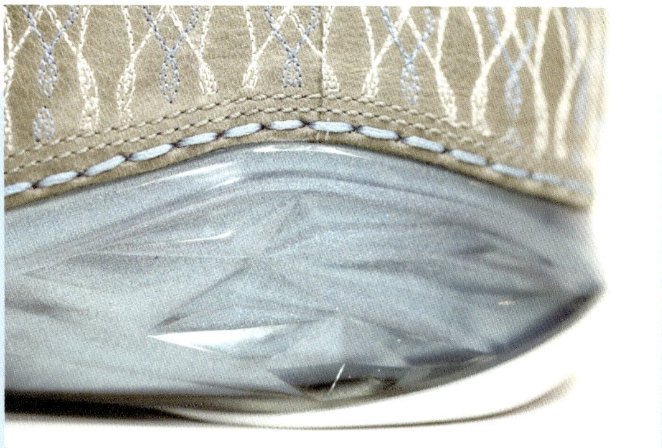

Air Jordan 23 是第一款 Nike 与 Nike Considered 共同完成的篮球鞋，细节和功能方面皆在不影响运动员正常发挥的同时，确保减少浪费，并且尽可能使用可持续利用的环保材质。Nike Considered 是由 Nike 投入并且推广的可持续发展的球鞋生产线，它是 Nike 作为全球最大的运动鞋制造商之一，多年来坚持减少浪费，消除有毒物质，保护环境的重要组成部分。Nike 曾经公开声明，他们的目标是 “尽量减少或消除所有已知的对生物或生态系统健康有害的物质”。

Air Jordan 23 是当时在设计和研发方面最为复杂的球鞋之一，因为既要考虑到颜值，也要兼顾穿着的舒适度。Air Jordan 23 的几大设计亮点是：为了保证高质量的工艺和耐用性，TPU （热塑性聚氨酯弹性体橡胶）的涂装工艺方面，完全由高效的机器人手臂进行操作完成；为了有效改善环境，Nike 将其他鞋底制造的废料，经过研磨，加上环保材料，用来制造 Air Jordan 23 的鞋底。或许，这就是对社会责任的担当。

SH042664

迈克尔·乔丹亲签 Air Jordan 10 Shadow（限量 23 双）

Michael Jordan Autographed

Air Jordan 10 Shadow 23 of 23

如果提到一个数字，“23”，你的第一反应会是什么？没错，那就是 Michael Jordan。似乎人们已经在“23” 和 Michael Jordan 之间形成了某种默契，你中有我，我中有你。Michael Jordan 曾经在自传《For The Love Of The Game》当中提到有关他背号的故事。大学时期，Michael Jordan 的哥哥 Larry Jordan 的背号是 45 号，所以，Michael Jordan 选择了 45 的一半，也就是 22.5，然后四舍五入为 23，作为他的背号。Michael Jordan 也没曾想过，“23” 这个数字伴随他创造了一个又一个的奇迹。但当他第一次重返 NBA 赛场的时候，他不希望继续使用之前的背号，因为曾看着他穿 23 号的父亲再也不在他的身边，Michael Jordan 希望这次回归是一个新的开始，另外，他之前所穿的 23 号球衣已经退役，根据 NBA 的规定，Michael Jordan 是不可以再披 23 号战袍了，所以他选择了 45 号球衣。

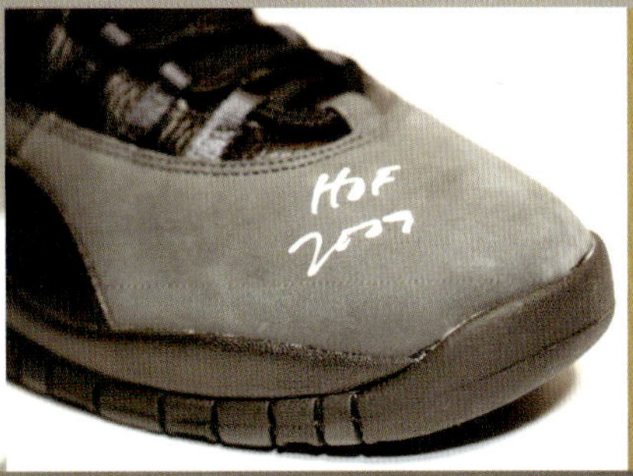

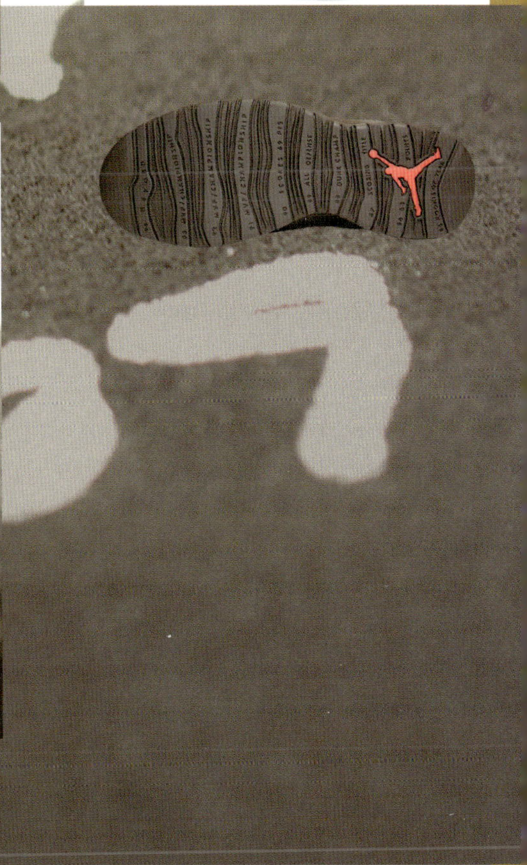

众所周知，Michael Jordan 在打棒球期间，也是使用“45”作为他的背号，因为在他童年开始打棒球时，就是用 45 号作为他的背号。Michael Jordan 一直认为，45 号才是属于他的背号。然而，他的棒球生涯并不辉煌，成绩平平，重返 NBA 赛场后，身披 45 号球衣的 Michael Jordan 表现也并不理想，他本人表示，45 号球衣并没有给他带来好运。随后，Michael Jordan 不顾联盟重罚，毅然决定在赛季期间更换球衣背号，重披 23 号球衣。

2
HOF
2009
BULLS

通常这类限量发售的亲签商品，第 1 双或者第 23 双都会送给 Michael Jordan 本人珍藏，所以这双限量 23 双，并且是第 23 双亲签的球鞋，就显得格外珍贵和有意义。

NIKE
AIR
Beckett
BECKETT

第二章

Scottie Pippen
斯科蒂·皮蓬

Scottie Pippen

斯科蒂·皮蓬 1995—96 赛季 亲穿、亲签 Nike Air Uptempo
Scottie Pippen 1995—96 Season Autographed Game Worn
Nike Air Uptempo

篮球是一个团队项目，就算是 “篮球之神” Michael Jordan，也从来不会说自己帮助球队拿到了六个总冠军。所有球员在接受采访的时候重复率最高的一个词便是 “Team” 。没错，团队协作（Team Work）在各个领域都是十分重要的，也是成功的关键。“公牛王朝”的建立，自然少不了 Michael Jordan 的好搭档，绰号 “蝙蝠侠” 的 Scottie Pippen。

1995—1996

UPTEMPO

Uptempo

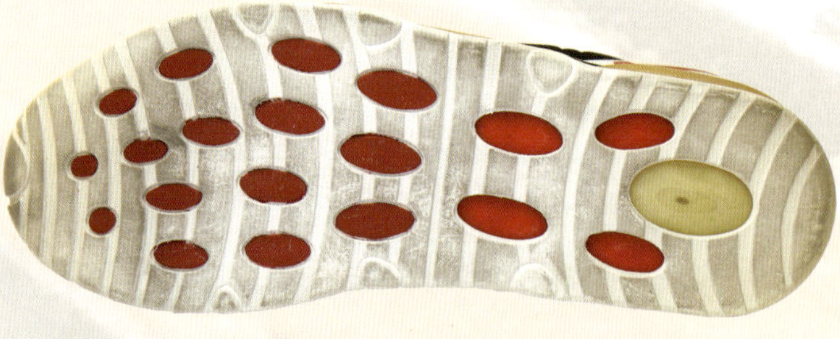

Scottie Pippen 被认为是 NBA 史上最伟大的小前锋之一，他职业生涯拿到六枚 NBA 总冠军戒指，获得 1992 年和 1996 年两次奥运会冠军，七次入选 NBA 全明星，1994 年获得 NBA 全明星赛最有价值球员，1994—95 赛季当选 NBA 抢断王，1996 年入选 NBA 50 大巨星。虽然 Michael Jordan 是当时 NBA 的 “天下第一人”，但少了 Scottie Pippen 的公牛队，或许未必能如此辉煌。

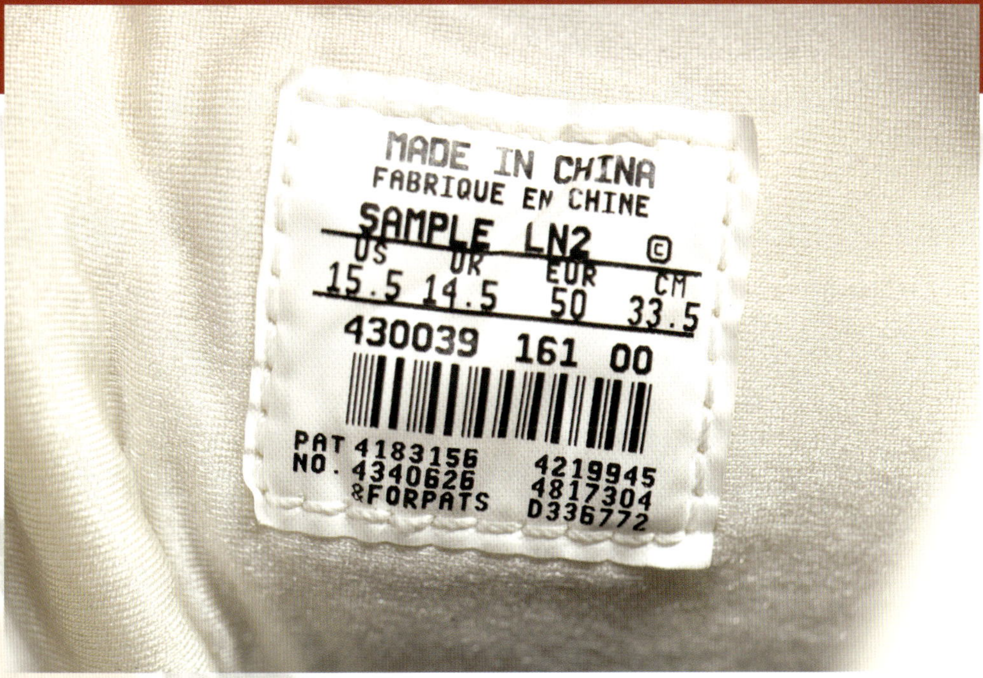

1995—1996
Uptempo
Nike Air

#33
#32

NBA

斯科蒂·皮蓬 芝加哥公牛队亲穿、亲签 训练队服及短裤

Scottie Pippen Chicago Bulls Autographed & Used

Reversible Practice Jersey and Shorts

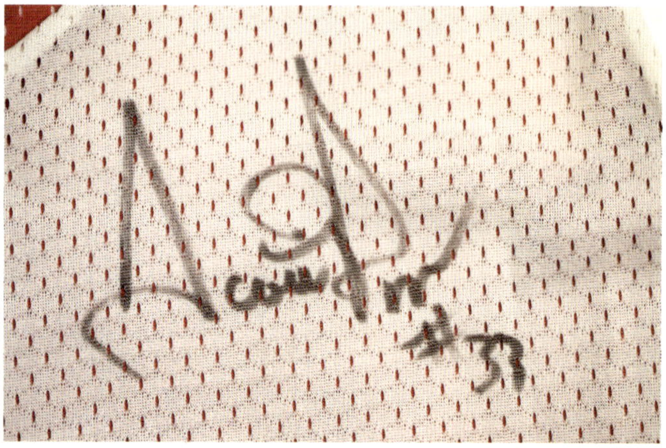

SCOTTIE PIPPEN

Reversible Practice Jersey and Shorts

BULLS
BASKETBALL

Kobe Bryant

第三章

Kobe Bryant
科比·布莱恩特

科比·布莱恩特 2001—02 NBA 总决赛亲穿、亲签 Adidas The Kobe

Kobe Bryant 2001—02 NBA Finals Autographed Game Worn

Adidas The Kobe

2001—02 NBA 总决赛，洛杉矶湖人队以总比分 4：0 横扫新泽西网队，夺得了球队史上第 14 座 NBA 总冠军奖杯。总决赛第一场比赛是 2002 年 6 月 5 日，湖人队主场 99：94 击败新泽西网队，第二场比赛是 2002 年 6 月 7 日，湖人队主场 106：83 击败新泽西网队，第三场比赛是 2002 年 6 月 9 日，湖人队客场 106：103 击败新泽西网队，最后一场比赛是 2002 年 6 月 12 日，湖人队客场 113：107 击败新泽西网队，最终夺得当年的 NBA 总冠军。耘硕之所以强调总决赛的时间，是因为前两场主场比赛，科比亲穿的就是同款同配色的球鞋，并且比赛时间也仅仅相隔一天。然而，耘硕收藏的这一双究竟是科比总决赛第一场还是第二场亲穿，又或是两场比赛都是穿着同一双球鞋，目前还无法百分百确认，我还在努力求证，希望有一天可以得到一个准确的答案。

SAMPLE
NOT FOR RESALE

adidas

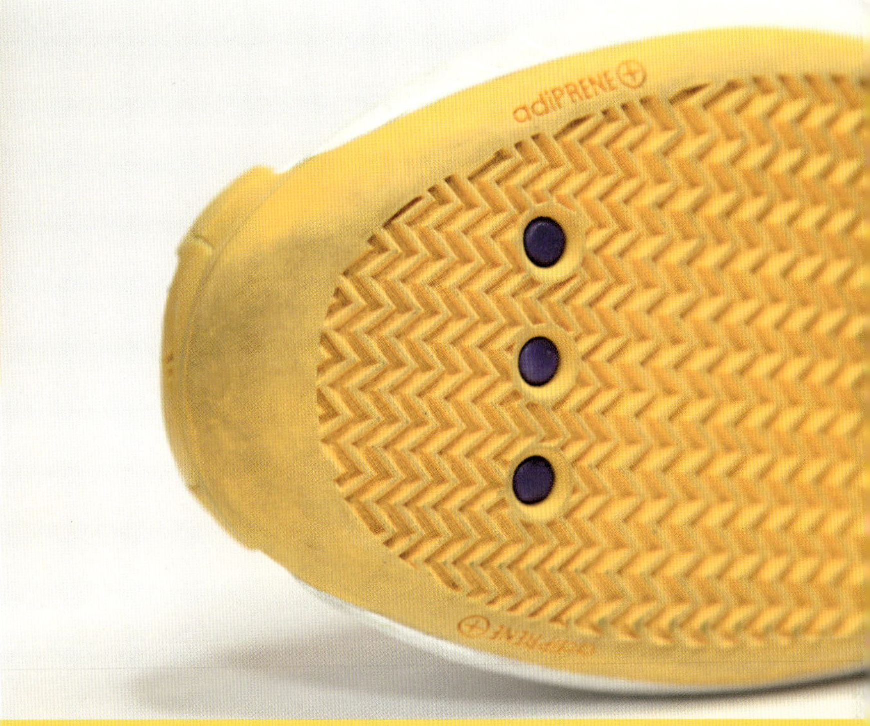
adiPRENE

Adidas The Kobe，以它独特的外观设计，很容易抓住你的眼球，对这双球鞋的评价，也是褒贬不一。无论如何，它曾经见证过科比和“湖人王朝”的辉煌。

科比·布莱恩特 2007—08 赛季亲穿 Nike Hyperdunk 2008

Kobe Bryant 2007—08 Season Game Worn

Nike Hyperdunk 2008

2008 年，科比已经有了自己的签名鞋系列，但是设计师 Eric Avar 操刀打造了有史以来最轻质、最牢固的 Hyperdunk 球鞋，并且交给科比做代言。在 2008 年北京奥运会男篮总决赛的比赛当中，科比就是穿着 Hyperdunk 2008，帮助美国国家队夺得了北京奥运会的男篮金牌。

NIKE

这双典型的湖人队配色的 Hyperdunk 2008 是科比在 2007—08 赛季比赛亲穿的球鞋，这里有一个小插曲，我曾经在《耘硕说鞋》的视频节目里介绍过这双鞋，当时因为一时大意，搞错了比赛日期。后来经过仔细查证和其他藏家的帮助，才发现，当时 Nike 为科比做过很多同样配色的“合体鞋”球员专属版，也就是鞋身采用 Hyperdunk 2008 的设计，而鞋底则采用 Nike Zoom Kobe 4 的设计。不过，科比本人的确亲穿过这个配色的 Hyperdunk 2008 非合体鞋版，目前，有据可查的一场比赛就是 2008 年 5 月 21 日，NBA 西部总决赛第一场比赛，洛杉矶湖人队主场迎战圣安东尼奥马刺队的比赛，科比则是亲穿同款的 Hyperdunk 2008。

这次失误，其实也是给我自己上了一课，让我在今后的球鞋文化研究方面，时刻提醒自己严谨的重要性。有时敢于承认并且纠正自己的错误，才能取得进步。

科比·布莱恩特 Nike Air Zoom Huarache 2K5“洛杉矶地图”Player Exclusive

Kobe Bryant

Nike Air Zoom Huarache 2K5 LA Map Player Exclusive

1996 年 NBA 选秀大会上，科比被夏洛特黄蜂队以第 13 顺位选中，随即同年被交换到湖人队。

科比原本理想的背号是他高中联赛夺冠那年使用过的 33 号，科比高中时期最早穿着的背号是 24 号，因为科比的父亲在高中时期的背号是 33 号，所以科比很自然地把背号换成了 33 号。然而湖人队早已将 “天勾” 贾巴尔的 33 号球衣退役。科比曾经在 Adidas ABCD 训练营中身披 143 号球衣，所以他便做了一个加法，1+4+3 = 8，这就是科比 8 号这个背号的由来。科比曾经说过，他小时候在意大利打篮球时，也是身披 8 号球衣，因此，他决定从 33 号变成 8 号也是很自然的事情。耘硕感觉 NBA 球员们貌似都很喜欢使用加法来决定背号，就连 “篮球之神” Michael Jordan 的奥运会国家队背号 9 号，也是用 4+5 = 9 决定的。

2013 年，科比曾经公开表示自己把背号更换为 24 号的原因，“24 是我高中时期最早使用的号码，24 的意义也是一天中的 24 个小时，一次进攻的 24 秒，我希望把自己的所有精力都投入到篮球中，如果我不能全身心投入，我就不是科比，所以 24 是我的最佳诠释”。

1996—2016 年，科比效力洛杉矶湖人队整整 20 年，所以，洛杉矶这座城市对于科比有着非凡的意义。把洛杉矶的元素运用到科比的球员专属版球鞋上，我觉得是再合适不过了。

24
HOURS

科比·布莱恩特 亲签 Nike Air Zoom Huarache 2K4 奥运版样品鞋

Kobe Bryant Autographed Nike Air Zoom Huarache 2K4

Olympic Alternate Sample

NIKE 2K4

MONTH
CALIFORNIA
OUTATIM
The Golden State

Nike Hyperdunk 2008
Back To Future

喜欢探索未知世界的我，自然是这部电影的忠实粉丝。然而，如果提到《回到未来》，我想被大家熟知的并不是这双 Hyperdunk 2008，也不是主角 McFly 在电影中最早穿着的 Nike Bruin，而是那双轰动全世界的 Nike Air Mag。好多朋友会问我：“你有 Nike Air Mag 吗？”“你为什么不买？”

科比·布莱恩特 亲签 Nike Hyperdunk 2008 “回到未来”
Kobe Bryant Autographed
Nike Hyperdunk 2008 “Back To Future”

《回到未来》是美国经典科幻喜剧系列电影，共三部，第一部于 1985 年上映。由罗伯特·泽米基斯执导，斯蒂芬·斯皮尔伯格监制，迈克尔 J 福克斯、克里斯托弗·劳埃德主演。这款 Hyperdunk 2008 我们通常称它为 McFly 配色，McFly 是电影《回到未来》男主角的名字，我们也可以称它为“Back to Future”配色。当年以限量 350 双进行发售，代言人是科比，正式发售当天，科比乘坐了一辆跟电影里同款的汽车 DeLorean 来到 Undefeated 鞋店，很多人都提前几天站在店门外排队，因为前十名顾客可以见到科比，并且会得到他的亲笔签名。

Nike Hyperdunk 2008

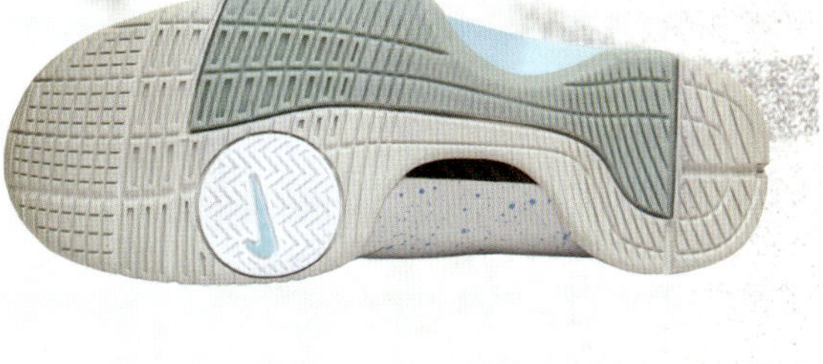

实话说，Nike Air Mag 的确是一双划时代，也同样具有历史意义的鞋款，作为《回到未来》系列电影的粉丝，如果没有 Nike Air Mag，也的确是一个遗憾。作为球鞋，Nike Air Mag 毫无疑问是一双艺术品，然而，它的市场定位和价格已经远远超过了一双球鞋该有的限度。我一直遵循的原则，也是我一直鼓励大家的，就是在买球鞋这件事上，要有正确的价值观和冷静的头脑。

收藏球鞋是一个兴趣爱好，它只是你生活当中的一小部分，所以，切记不要冲动，不要盲目地追求限量。

20
CALIFORNIA

Zoom Kobe

科比 · 布莱恩特 2004—05 赛季 主场比赛备用球衣

Kobe Bryant 2004—05 Season Game Issued

Alternate Sunday Home Jersey

Alternate Jersey，被称为第三球衣或备用球衣。这种球衣的配色不同于主场或客场球衣，通常是在比赛双方球衣颜色相似的情况下，才会穿上第三球衣加以区别。因为球员穿着第三球衣的场次比较少，所以这类球衣也是非常值得珍藏的。

2005-2006

LeBron James

第四章

LeBron James
勒布朗·詹姆斯

勒布朗·詹姆斯 2013 年 1 月 6 日 比赛亲穿、亲签 LeBron X
LeBron James 2013/1/6 Autographed Game Worn
LeBron X

"小皇帝"勒布朗·詹姆斯，不需要耘硕过多的介绍，作为当今"联盟第一人"的他，有着无数令人羡慕的数据和纪录。有的人爱他，有的人恨他，然而，耘硕一直提倡，要尊重每一位球员，有资格站在赛场上的球员，都比常人付出了更多的努力。训练时流下的每一滴汗水，克服伤病时的努力，为了球队的荣誉，为了不让球迷们失望，他们无时无刻不在拼搏，单凭这份精神，就值得我们敬佩。

勒布朗·詹姆斯，第一位生涯累积 30 000 分、8 000 篮板、8 000 助攻的球员；第二位同一年里囊括四大荣誉——"年度 MVP""NBA 总冠军""总决赛 MVP""奥运冠军"的球员（2012 年）（第一位是 1992 年的 Michael Jordan）；2011 年起连续八次夺得 NBA 东部总冠军，累计九次晋级 NBA 总决赛，三次夺得 NBA 总冠军，他的坚持和专业态度令我感动。

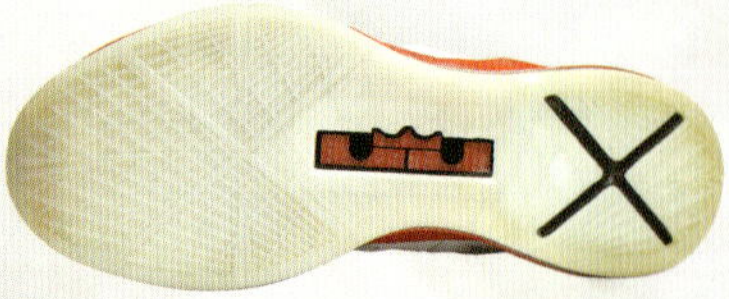

LeBron X

这款球鞋的设计灵感源于晶莹剔透的钻石的形成。钻石的美丽，是随着时间的推移和高温、高压的考验才蜕变而成的。正如詹姆斯的职业生涯，也是面临着不断的考验和压力。热火队时期的詹姆斯，在 2012 年和 2013 年，连续两年拿到 NBA 总冠军及 NBA 总决赛 MVP，所以他这个时期的亲穿球鞋也就变得格外有意义。鞋舌内侧手写的比赛日期，以及 Photomatch 的证书，也佐证了它的可靠性。

Photomatch 是在球鞋或者球衣收藏方面，最为有力的证明方式之一，球鞋或者球衣的款式可以相同，但是比赛过程中造成的折痕、污迹等一系列痕迹，是无法复制的，是唯一的。因此，如果将比赛时的高清照片与藏品照片进行比对，找到完全一致的痕迹，这个过程就叫作 Photomatch。

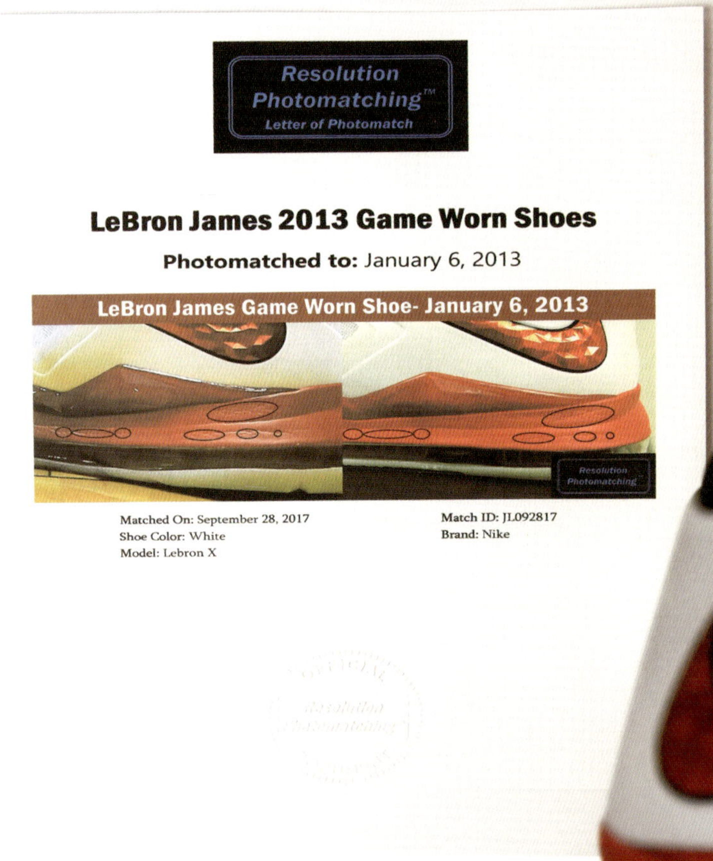
Resolution Photomatching™
Letter of Photomatch

LeBron James 2013 Game Worn Shoes

Photomatched to: January 6, 2013

LeBron James Game Worn Shoe- January 6, 2013

Matched On: September 28, 2017
Shoe Color: White
Model: Lebron X

Match ID: JL092817
Brand: Nike

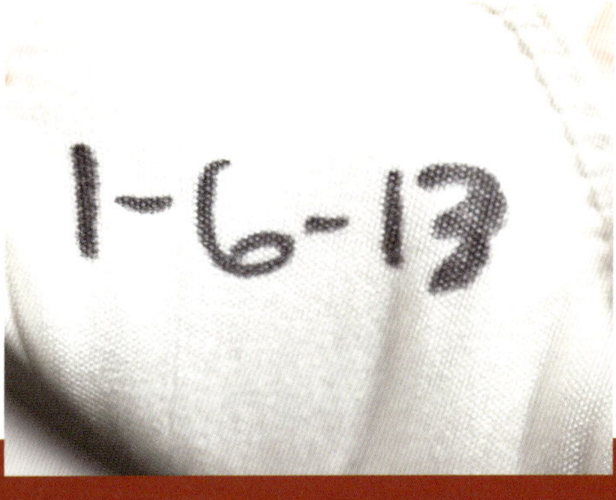

Nike 青少年精英篮球联赛 “Peach Jam” LeBron X Player Exclusive
Nike EYBL

“Peach Jam” LeBron X Player Exclusive

EYBL，全称 Elite Youth Basketball League，是由 Nike 在美国当地主办的青少年精英篮球联赛。Peach Jam 则是该联赛的决赛赛程，每年 7 月会在纽约的 Riverside Park Activities Center（河岸公园活动中心）举行。

第一届比赛是在 1996 年举办的，当时还不叫 Peach Jam，而是 Peach Basket Classic。1997 年，更名为“Nike Peach Jam”。在早期，观众观看比赛是不需要门票的，媒体报道也并不积极。但是，随着一些 NCAA（全国大学体育协会）的篮球教练来观赛，并且挖掘了不少优秀的篮球运动员，人们才开始慢慢重视起这项赛事。所以，现在每年临近 7 月的时候，Nike 都会限量发售一些“EYBL Peach Jam”的专属鞋款。

Peach
Jam

LeBron X

Player Exclu

sive

勒布朗·詹姆斯 Air Force 1 “Four Horsemen” Player Exclusive

LeBron James Air Force 1

“Four Horsemen” Player Exclusive

被众人熟知的 “Four Horsemen”，包括：LeBron James、Rich Paul、Maverick Carter、Randy Mims（A.K.A Ernie Ramos），简称 “LRMR”。LeBron James 于 2005 年 创 办 公 司 LRMR Management Company., LLC，负责管理他所有的生意和挖掘潜在的市场和商机。

Four Horsemen

勒布朗·詹姆斯 LeBron II Low “Gloria” 样品鞋
LeBron James

LeBron II Low“Gloria”Sample

詹姆斯的妈妈名叫 Gloria Marie James，不难理解，这款鞋与詹姆斯的妈妈必然有一定的联系。Gloria 16 岁的时候就生下了詹姆斯，因为年纪轻，没有稳定的工作，所以当时詹姆斯和他的妈妈生活非常艰辛。Gloria 19 岁的时候，她的妈妈在圣诞节的早晨，因为心脏病突发去世，没有人可以再帮助她照顾年幼的詹姆斯了。从那以后，Gloria 和詹姆斯不停地搬家，他们经济拮据，为了可以给詹姆斯一个稳定的生活环境，Gloria 虽然年轻，但是她永远把她的儿子放到第一位，尽可能给詹姆斯一个好的生活。中国有句古话说得好 “妇人弱也，而为母则强”，这就是母爱最伟大的体现。

LEBRON
SIGNATURE
COLLECTION

NIKE

JAMES
KING

LEBRON

GLORIA

詹姆斯进入 NBA 之后，拥有了他的第一款签名球鞋 Nike Air Zoom Generation，从那以后，Nike 每年都会以詹姆斯的妈妈“Gloria”为名，设计一款以白色和粉色为主的特别版。最初，“Gloria”只生产了詹姆斯的球员专属版，和亲友限定版，亲友限定版用来赠送给詹姆斯的亲人和好友。

RAY
RAY 34
RAY
12
RAY 34

第五章

Ray Allen
雷·阿伦

Ray Allen

雷·阿伦 亲穿、亲签 波士顿凯尔特人队主场配色 Air Jordan 2 Player Exclusive Ray Allen Autographed Game Worn

Air Jordan 2 Boston Celtics Home Player Exclusive

Ray Allen

雷·阿伦在 2007 年 6 月 28 日，和格伦·戴维斯一同从西雅图超音速队被交易到波士顿凯尔特人队。不久之后，凯文·加内特也被引进到波士顿凯尔特人队，与雷·阿伦和保罗·皮尔斯并肩作战。加入凯尔特人队之后，雷·阿伦把他的背号改成 20 号，因为当时保罗·皮尔斯的背号已经是 34 号。

2007 年 11 月 4 日，凯尔特人队迎战多伦多猛龙队时，雷·阿伦在加时赛仅剩 3 秒钟时的一记三分球，帮助球队以 98 : 95 获得胜利，并且实现他本人职业生涯 17 000 分的纪录。雷阿·伦还帮助凯尔特人队夺得了 2008 年 NBA 总冠军。

SUGAR R

AIR JORDAN

SUGAR RAY
SUGAR RAY

Ray Allen

这双鞋最大的亮点就是，区别于其他普通的 Air Jordan 2，鞋身侧面的蜥蜴皮纹路的部分被替换成漆皮材质，加上白绿配色以及雷・阿伦的昵称 “SUGAR RAY” 的刺绣，瞬间给不太受众人喜爱的 Air Jordan 2 增添了不少色彩。另外，这双雷・阿伦亲穿的球员专属版并没有鞋垫，球员定制的矫形鞋垫貌似一直都是一个很受关注，也很神秘的话题。其实，早在 20 世纪 80 年代和 90 年代，只有少数的 NBA 球员会使用特殊定制的矫形鞋垫，大部分球员还是使用原厂的普通鞋垫。但在高强度比赛的 NBA 赛场上，矫形鞋垫对于职业球员非常重要，即便是没有伤病的球员，使用了特殊定制的矫形鞋垫，也可以有效降低包括足底筋膜炎等常见疾病的发病概率，并且可以在一定程度上提高球员在球场上的发挥水平。

这类鞋垫通常选用的材料是 PORON（细间距开孔聚氨酯泡沫），这种材料的特点是耐用性极强，在受到由于起跳落地等动作造成的压力后，可以快速回弹，恢复至原样。不过，其实大家最关心的还是鞋垫是否是天价的问题。虽然起初建模的费用比较高，但是并非是很离谱的天价。球员在将一双亲穿的球鞋赠予他人以后，因为还要继续穿着同款球鞋进行比赛，依然需要定制的矫形鞋垫，所以才会把鞋垫抽走，这才是有些球员亲穿的球鞋不带鞋垫的真正原因。

雷.阿伦 波士顿凯尔特人队客场配色 Air Jordan 8 Player Exclusive

Ray Allen

Air Jordan 8 Boston Celtics Away Player Exclusive

雷·阿伦这双凯尔特人队客场配色的 Air Jordan 8 曾经在 2008 年，和 Quentin Richardson（昆汀·理查德森）的 Air Jordan 8 球员专属版，同时间在美国纽约的 Harlem House of Hoops 店铺，各以限量 24 双的形式公开发售。耘硕一直在不断地强调，PE 是两个词的缩写，一个是 Player Exclusive，另一个是 Player Edition。Player Exclusive 是指专门设计并且生产给球员本人使用的球员专属版；而 Player Edition 则是进行限量市售的球员版。以这双雷·阿伦的 Air Jordan 8 PE 为例，如果是做给雷·阿伦本人穿的，则是 Player Exclusive；如果是 2008 年限量发售的那 24 双之一，则可称之为 Player Edition。Player Exclusive 只会生产球员本人的尺码，而 Player Edition 则会生产不同尺码。

耘硕收藏的这一双是雷·阿伦本人的球员专属版，也就是 Player Exclusive，尺码是 US 14 码，除了我们常见的雷·阿伦的昵称 “SUGAR RAY” 的刺绣以外，鞋身大面积使用仿鹿皮材质，实为一双质感爆棚的鞋款。难怪这款鞋会被选中进行限量发售，用来回馈球迷和鞋迷。

Ray Allen
Air Jordan 8

SUGAR RAY

雷·阿伦，NBA 史上最伟大的投手之一，他的昵称就常常会出现在他的球员专属版的球鞋上。我们最常见的昵称便是 “SUGAR RAY”，关于这个昵称，目前有两个说法，首先，雷·阿伦的跳投动作一直被认为是非常优美的，一般形容为 “His jump shot is so sweet.” 因此，便有了 “SUGAR RAY” 这个称呼。另一说法，“SUGAR RAY” 是雷·阿伦的父亲给雷·阿伦起的昵称，这个昵称的出处是两位美国著名职业拳击手 Sugar Ray Robinson（舒格·雷·罗宾逊）和 Sugar Ray Leonard（舒格·雷·伦纳德）。雷·阿伦的父亲希望他的儿子可以像这两位优秀的运动员一样，有拼搏的精神，也希望他在任何领域都可以获得成功。

雷·阿伦 波士顿凯尔特人队主场配色 Air Jordan 8 Player Exclusive Ray Allen

Air Jordan 8 Boston Celtics Home Player Exclusive

球员专属版和市售版最大的区别就是在球鞋设计上，球员专属版会融入很多球队或者球员的个人元素。球队的元素主要靠配色来体现，而球员的个人元素一般会与他们的名字、背号、昵称、个人Logo相关联。所以，我收藏球员专属版的另一个重要原因，是希望可以通过收藏和学习，让我能够更深入地了解球员以及他们背后的故事。

AIR JORDA

除此之外，雷·阿伦还有其他昵称，包括：Mr. Basketball，Ray Ray，Jesus Shuttlesworth。其中，Jesus Shuttlesworth 源于雷·阿伦在 1998 年参演的电影《He Got Game》，导演是 NBA 头号球迷 Spike Lee（斯派克·李），主演有 Denzel Washington（丹泽尔·华盛顿），Ray Allen（雷·阿伦），Milla Jovovich（米拉·乔沃维奇），Jesus Shuttlesworth 则是雷·阿伦在电影中所扮演的角色的名字。

其实，球鞋或者球衣只是一个载体，收藏的真正意义，是挖掘它们背后的故事，我所扮演的角色只是一个在给大家讲故事的人。

RRA
SUGAR RAY

雷·阿伦 西雅图超音速队主场配色 Air Jordan 12 Player Exclusive
Ray Allen
Air Jordan 12 Seattle Supersonics Home Player Exclusive

耘硕自叹对任何白黄、白绿、白紫、白蓝配色都是完全没有抵抗力的。这双白黄配色的 Air Jordan 12 除了雷·阿伦以外，还有卡梅隆·安东尼（Carmelo Anthony）、加里·佩顿（Gary Payton）也都上脚过同样配色的球员专属版。雷·阿伦的刺绣是他的名字 “RAY” 和 背号 “34”，卡梅隆·安东尼的则是 “MELO” 和背号 “15”，加里·佩顿的则是他的昵称 “THE GLOVE” 和背号 “20”。

RAY

T
W
O
3

AI

JORDAN 12

雷·阿伦 西雅图超音速队主场配色 Air Jordan 12 Player Exclusive
Ray Allen
Air Jordan 12 Seattle Supersonics Home Player Exclusive

相比波士顿凯尔特人队的主色绿色，我更偏爱西雅图超音速队的绿色，两者相比，前者更亮一些，后者更深一些。西雅图超音速的绿色总是给人一种稳重、深沉的感觉。

RAY

JORDAN
QUALITY INSPIRED BY THE GREATEST PLAYER EVER.
RAY
23
JORDAN
QUALITY INSPIRED BY THE GREATEST PLAYER EVER.
34
23

34

Ray Allen
RAY
RAY
34

雷·阿伦 亲签 西雅图超音速队主场配色 Air Jordan 13 Player Exclusive
Ray Allen Autographed

Air Jordan 13 Seattle Supersonics Home Player Exclusive

Ray Allen

人们印象最深刻的雷·阿伦白绿配色 Air Jordan 13 PE 是他在波士顿凯尔特人队时期，鞋舌有 Ray 的专属 Logo 的那一双。因此，当我最早期曝光这双雷·阿伦在西雅图超音速队时期的 Air Jordan 13 PE 的时候，很多人认为这是一双假鞋，理由就是，他们说雷·阿伦在凯尔特人队时的背号是 20 号，而这双鞋的鞋舌刺绣是 34，明显就是一个错误。然而，他们却忽略了雷·阿伦在西雅图超音速队时，就已经有 Air Jordan 13 PE 了。深沉的绿色，加上鞋舌上“RAY”以及“34”的刺绣，都是他在超音速时的细节元素。

JORDAN
JORDAN

MADE IN CHINA
FABRIQUE EN CHINE
PROMO Y3 ©
US UK EUR CM
14 13 48.5 32
JBM277 M28 C1
10-15-04 0000000

Ray Allen

雷·阿伦 西雅图超音速队客场配色 Air Jordan 13 Player Exclusive

Ray Allen

Air Jordan 13 Seattle Supersonics Away Player Exclusive

因为我在球鞋收藏方面有些强迫症，只要各方面条件允许，我希望可以将球员的主场和客场配色都收集齐。这双雷·阿伦西雅图超音速队客场配色的 Air Jordan 13 PE 是非常稀有的。在我找了许多年以后，一个机缘巧合的情况下，上一任藏家主动联系我，他希望这双鞋的下一任藏家也是一位真正热爱球鞋的人。所以，收藏球鞋这么多年，让我有了一个体会，有时候买球鞋真的讲究缘分，可遇不可求是真的有道理。

雷·阿伦 亲穿、亲签 密尔沃基雄鹿队主场配色 Air Jordan 15 Player Exclusive Ray Allen Autographed

Game Worn Air Jordan 15 Milwaukee Bucks Home Player Exclusive

Air Jordan 15 应该算是 Air Jordan 系列球鞋当中比较冷门的一款，有很多人说它像一个“大熨斗”，并不受人追捧。然而，我本人一直坚持要尊重每一位设计师，尊重每一件他们用心设计出来的作品。没日没夜的思考，一页一页的草图，反复修改的样品，其中的艰辛我们看不到，或许结果并不一定完美，但是我们要学会理解。

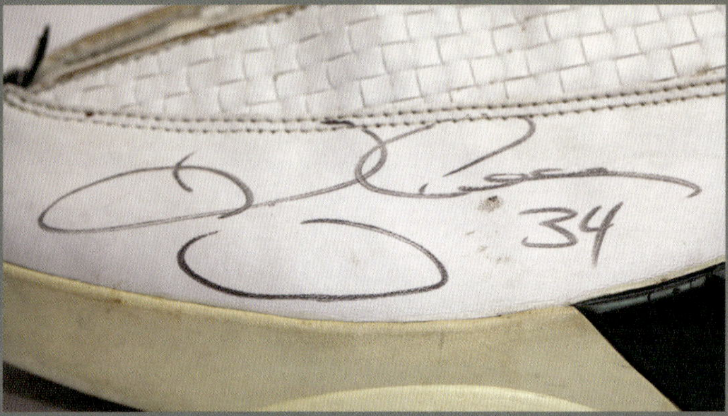

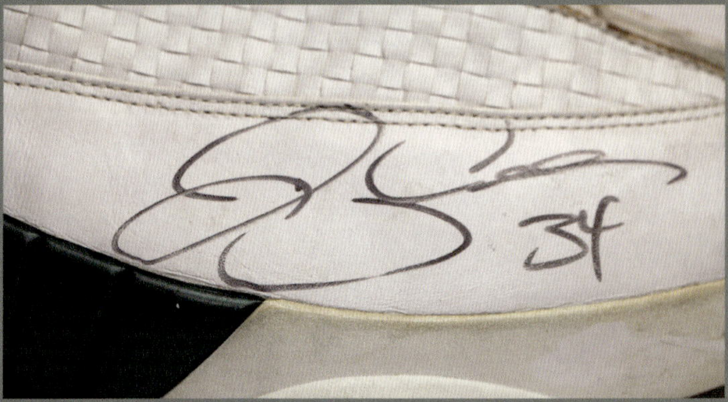

34

Ray Allen

Air Jordan 15

当时 Michael Jordan 再次宣布退役之后，很多人都说 Air Jordan 的生产线应该停止了。但是 Tinker Hatfield 和其他设计师则认为，是时候设计一双前所未有的鞋款了。所以，Air Jordan 15 的设计初衷是为了向 Michael Jordan 的职业生涯致敬。Air Jordan 15 设计灵感源于 X–15 战斗机。X–15 战斗机打破了当时飞机的最快速度记录，达到了 7 274 千米 / 小时，这是前所未有的速度，正如 Michael Jordan 一样，他是最优秀的篮球运动员。“34” 是雷 · 阿伦在密尔沃基雄鹿队时的背号，紫色的刺绣正是雄鹿队的配色。

雷·阿伦 亲穿 密尔沃基雄鹿队客场配色 Air Jordan 16 Player Exclusive Ray Allen Game Worn

Air Jordan 16 Milwaukee Bucks Away Player Exclusive

拥有 Air Jordan 16 球员专属版的球星非常多，最具代表性的有：雷·阿伦（Ray Allen）、迈克·毕比（Mike Bibby）、罗恩·哈珀（Ron Harper）、米奇·里奇蒙德（Mitch Richmond）、雷吉·米勒（Reggie Miller）、维恩·贝克（Vin Baker）、迈克尔·芬利（Michael Finley）。一般除了配色不同，Air Jordan 16 的球员专属版会为每位球员在翻盖的边缘处刺绣自己的名字缩写或者昵称和背号。比如，雷·阿伦的刺绣为“RAY 34”、迈克·毕比“BIB 10”、罗恩·哈珀“HARP 4”、米奇·里奇蒙德“ROCK 2”（里奇蒙德的昵称就是“The Rock”）、雷吉·米勒“REGGIE 31”、维恩·贝克“VIN 42”、迈克尔·芬利“FIN 4”。

Ray Allen

AIR JORDAN 16

Ray Al
RAY
34

en

Air Jordan 16 最大的特色就是，翻盖可以根据自己的需要随时拿掉或者装上，这样给了我们更多的选择。当我需要参加一个比较正式的场合的时候，我可以把翻盖盖上，加上漆皮鞋头，完全是一双高档皮鞋的感觉；如果我想打球，可以去掉翻盖，让我的发挥能够更自如。

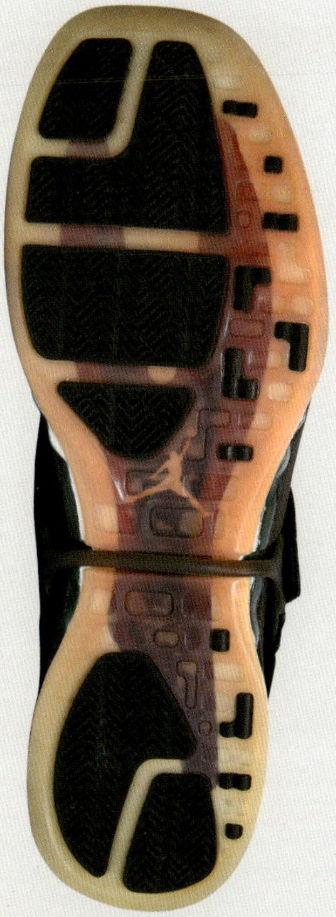

Air Jordan 18.5 是以 Air Jordan 18 为基础的改良版，少了 Air Jordan 18 的盖子，另外，设计上把 Jumpman Logo 放到了鞋身侧面。就好比 Air Jordan 17，会用“+”代表改良版，比如 Air Jordan 17+。Air Jordan 18，改良版则更名为 Air Jordan 18.5。

这双雷·阿伦的 Air Jordan 18.5 PE 原本是为了 2004 年雅典奥运会特别准备的版本，“12”则是雷·阿伦在美国男篮国家队的背号。然而，因为家庭原因，雷·阿伦并没有加入这届奥运会的美国男篮。雷·阿伦曾经通过电话采访表示：“我不希望错过我的孩子出生，不能打比赛，我非常难过，但我知道生命中总有一些事情比篮球更重要。”

.5

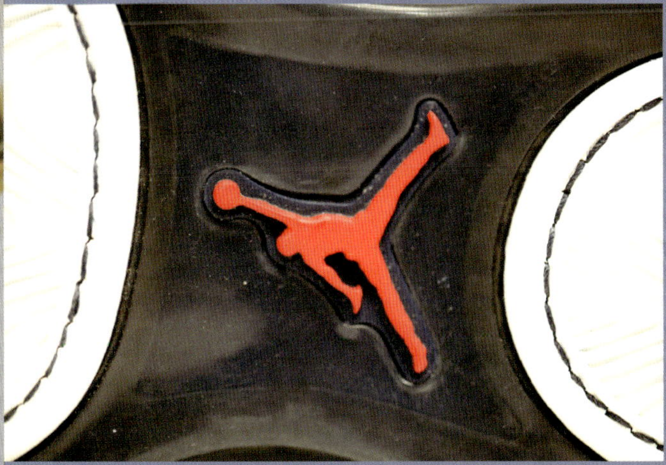

12

雷·阿伦 亲签 奥运配色 Air Jordan 18.5 Player Exclusive

Ray Allen Autographed

Air Jordan 18.5 Olympic Player Exclusive

12

JORDAN
JORDAN

12
12

他表示，他的未婚妻 Shannon Walker Williams（两人 2008 年完婚，所以当时还是雷·阿伦的未婚妻）曾表示，非常支持雷·阿伦代表美国国家队出战 2004 年雅典奥运会。但是，雷·阿伦也表示“我不认为现在是时候让我跑到世界的另一边去打比赛，因为我的未婚妻可能随时都会分娩，并且她已经有了提前分娩的迹象。”

在我看来，这是一个真正的男人该有的态度和决定，事业固然重要，但是家人才是我们打拼的原动力。有的时候，在我们收藏球鞋或者球衣的同时，通过了解背后的故事，或许会学到很多，这便是我们收藏的真正意义。

雷·阿伦 西雅图超音速队主场配色 Air Jordan 19 SE Player Exclusive
Ray Allen

Air Jordan 19 SE Seattle Supersonics Home Player Exclusive

在科技创新方面，Air Jordan 21 也首次采用了后掌可替换 I.P.S 系统（Independent Podular Suspension），为不同位置的球员分别准备了可替换的 Air Sole 和 Zoom Air，我个人认为这是非常人性化的设计。另外，在鞋舌内侧，每一款不同配色的 Air Jordan 21 都会有一个不同的刺绣内容，比如：“AUTHENTIC” “ASPIRATIONAL” “EARNED” “UNCOMPROMISED”。

Air Jordan 21 在设计方面还有两个隐藏的亮点。

第一，如果使用紫光灯照射 Air Jordan 21 的内侧脚踝处，会有一些神秘文字出现：

Ageforitshallbewithin
thefoursTagejourneyof
theairjordanXXItHatthe
codeshallberevealedtoth
Osewhoseekthejordan
codeinyoUrhonorhave
wehiddenthismess。

随后，官方公开了这段话中隐藏的暗语，分别提取第一行第 7 个字母，第二行第 6 个字母，第三行第 3 和第 19 个字母，第四行第 1 和第 22 个字母，第五行第 18 个字母，第六行第 13 个字母，第七行第 3 个字母，最后提取的 “**i u e t c t a n h**”，如果经过重新排列组合，则可形成 “authentic” 这个单词，也就是正品的意思。

第二，如果是市售版，将不同配色所附赠的卡片拼在一起，用紫光灯照射卡片背面，则会出现 Michael Jordan 拍摄 Jumpman 经典广告片的图像。现在回过头再看看这款球鞋，是不是觉得设计师 D’ Wayne Edwards 的设计非常巧妙、非常用心呢?

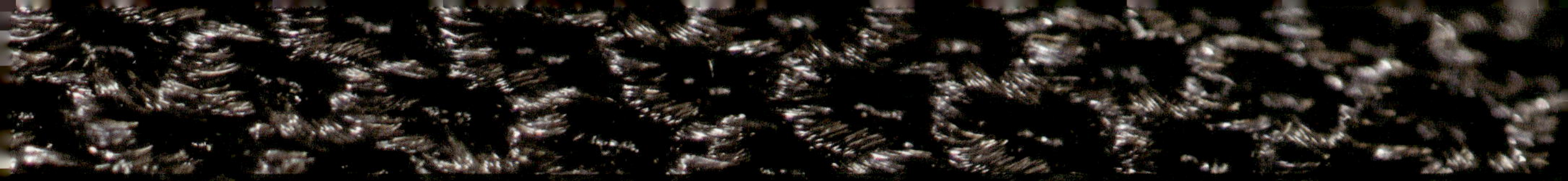

RAY 34

雷 · 阿伦 波士顿凯尔特人队客场配色 Air Jordan 23 Player Exclusive
Ray Allen
Air Jordan 23 Boston Celtics Away Player Exclusive

雷 · 阿伦曾表示，这双波士顿凯尔特人客场配色的 Air Jordan 23 PE 是他众多专属鞋款当中的最爱之一。鞋舌上的 “20” 告诉所有人，这双属于雷 · 阿伦在波士顿凯尔特人时期的战靴。2017 年，雷 . 阿伦参加在香港举办的 Sneaker Con 时，就是穿着这款球鞋，可见他对这款 PE 的喜爱。

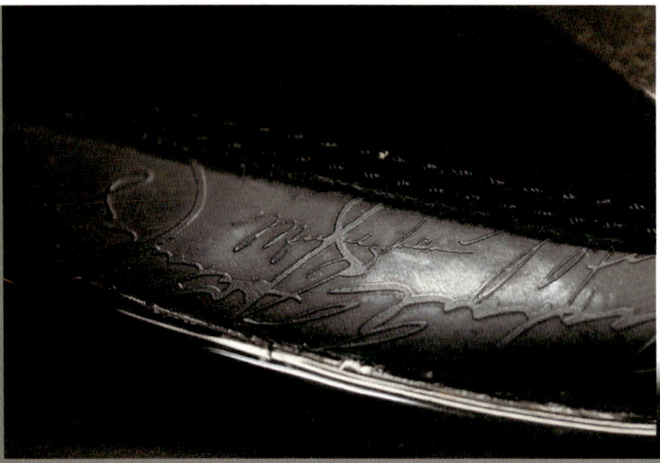

Ray Allen

雷·阿伦 密尔沃基雄鹿队主场配色 Jordan Jumpman J'Madness Player Exclusive

Ray Allen

Jordan Jumpman J'Madness Milwaukee Bucks Home Player Exclusive

Jumpman J'Madness 实属一双经典的 Team 系列球鞋，除了雷·阿伦以外，雷吉·米勒（Reggie Miller）也曾经穿过同款球鞋，只是配色和刺绣部分不同。说到这里，耘硕想要聊一聊雷·阿伦曾经穿过的球鞋尺码。随着球员们年龄的增长和长时间的高强度运动，他们的脚的尺码会有所变化。雷·阿伦刚进 NBA 的时候，曾经穿过 US13 码，后来变为 US13.5 码，等到西雅图超音速队和波士顿凯尔特人队时期，雷·阿伦大多穿 US14 码，到最后迈阿密热火队时期，雷·阿伦也有穿过 US15 码。所以，收藏球员专属版球鞋时，对于球员在不同时期的尺码需要有一定的了解，否则会容易犯错吃亏。

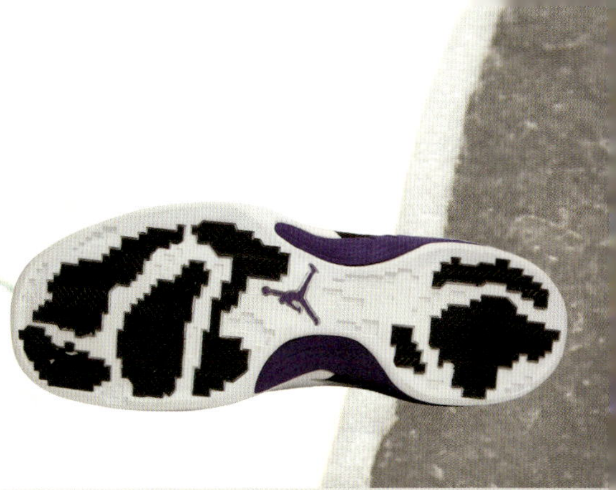

Ray Allen

雷·阿伦 密尔沃基雄鹿队客场配色 Jordan Jumpman Team J Player Exclusive

Ray Allen

Jordan Jumpman Team J Milwaukee Bucks Away Player Exclusive

Jordan Jumpman Team J

1999

早在 1991 年，Michael Jordan 和他的经纪人就有计划将 Air Jordan 系列球鞋打造成拥有独立设计团队、生产线和代言人的 Nike 旗下的子品牌。直到 1996 年，这个计划已经初步成型，正巧在这一年，雷・阿伦被密尔沃基雄鹿队选中，进入 NBA（雷・阿伦在选秀中，以康乃迪克大学身份先被明尼苏达森林狼队选中，随后，被交易到密尔沃基雄鹿队）。

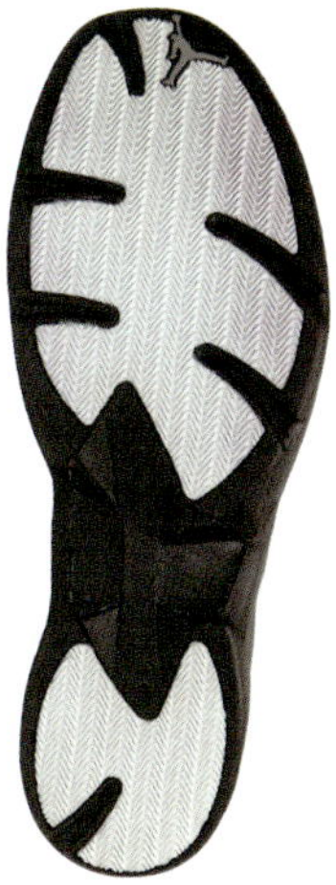

Jumpman Team J

雷·阿伦当时正计划和 Nike 签订球鞋合约，所以，机缘巧合，雷·阿伦顺利地成为 Jumpman Team 系列的第一位代言人。因此，雷·阿伦拥有非常多 Jordan 系列的专属鞋款，也是顺理成章的事情。

Michael Jordan 这时计划，既然我们准备要组成一个 Team，那么应该需要五个人。随后，Jordan Brand 分别邀请了德里克·安德森（Derek Anderson）、埃迪·琼斯（Eddie Jones）、迈克尔·芬利（Michael Finley）、维恩·贝克（Vin Baker），这就是我们熟悉的 Jordan Brand 的 “最初五人”。

1999 年，Jumpman Team J 面世，作为 Jumpman Team 系列当中很有分量的一个鞋款，自然有它独特的设计。从外观看，就可以感觉到很好的包裹性，加上大翻盖的设计，也是非常的前卫。雷·阿伦的球员专属版有 “RAY 34” 的个人元素，而市售版则是 “JORDAN” 字样。除了雷·阿伦以外，还有不少球星穿过这款球鞋，包括：迈克·毕比（Mike Bibby）、雷吉·米勒（Reggie Miller）、“便士”. 哈达威（Penny Hardaway）。

Raw Allen

雷·阿伦 亲签 Ray Allen x SoleFly x Air Jordan 13 “Ray Got Game" Ray Allen Autographed

Ray Allen x SoleFly x Air Jordan 13 “Ray Got Game”

2012 年，随着雷·阿伦从波士顿凯尔特人队转去迈阿密热火队，加上 Air Jordan 13 “He Got Game” 的复刻，迈阿密知名球鞋店铺 SoleFly 做了一款特别联名版的 Air Jordan 13。左脚外侧黑色仿鹿皮处有用镭射技术印制的“RAY GOT GAME”，字体与当时电影《HE GOT GAME》的宣传海报所用字体极为相似；右脚外侧黑色仿鹿皮处有用镭射技术印制的“SOLEFLY”，字体与该店铺的 Logo 一致。很荣幸，这双特别版的 Air Jordan 13 可以得到雷·阿伦的三个亲签。

Ray Allen

Ray Got Game

雷·阿伦 亲穿、亲签 2001 年 NBA 全明星比赛球衣

Ray Allen Autographed

Game Worn 2001 NBA All Star Game Jersey

2001

EASTERN CONFERENCE
ALL-STAR
ALL STAR 2001
NBA
EASTERN

AUTHENTIC TEAM APPAREL
AUTHENTICS
NBA
BUCKS
PUMA
48
MILWAUKEE BUCKS
99-00

BUCKS
34

SUGAR RAY
JORDAN
RAY

Ray Allen
Ray Allen
SUGAR RAY
RAY
JORDAN
23
34

Mike Bibby

第六章

Mike Bibby
迈克·毕比

迈克·毕比 萨克拉门托国王队主场配色 Air Jordan 2 低帮 Player Exclusive
Mike Bibby Sacramento Kings Home Player Exclusive

Air Jordan 2 Low

拥有 Jordan Brand 专属鞋款的 NBA 球星非常多，然而，除了我们熟知的雷·阿伦拥有非常多漂亮的 PE 以外，另一位不可以不提及的就是迈克·毕比了。迈克·毕比的球员专属版非常有特点，多数以低帮为主，只有少数的高帮鞋款，比如：Air Jordan 7、Air Jordan 16、Air Jordan 18.5 等。

Mike Bibby II

23

AIR JORDAN

迈克·毕比可以说也是 Jordan Brand 的宠儿了，无论从选择的款式、配色还是材质等方面，都最大限度地做到极致。看到紫色，我们印象最深的当属萨克拉门托国王队，迈克·毕比曾在 2001—2008 年效力于萨克拉门托国王队，所以他在这个时期的专属鞋款也是款式最多的。

Air Jordan 2 并不被大众追捧，甚至 Michael Jordan 本人也并不喜欢这个鞋款。然而，Jordan Brand 将 Air Jordan 2 改为低帮设计，并且用白色和紫色搭配，实话说，给我的第一感觉就是，原来 Air Jordan 2 也可以很美。

迈克·毕比 萨克拉门托国王队客场配色 Air Jordan 2 低帮 Player Exclusive

Mike Bibby Sacramento Kings Away Player Exclusive

Air Jordan 2 Low

萨克拉门托国王队的主场配色是很鲜明的白色和紫色，而客场配色则是黑色和紫色。

除了低帮设计，迈克·毕比的专属鞋款上还有另外一个特点，就是几乎都会有这几个刺绣内容，“TD”“1Z”“10”。其中“TD”则是“Team Dime”的简称，“Team Dime”是迈克·毕比和他的好友们组成的一个小团体。“1Z”有两个含义：一是，“1 ZERO”的一个简写，代表“10”，也就是迈克·毕比在萨克拉门托国王队时期的背号；二是，“1Z”也表示迈克·毕比致敬他的挚友，也是他曾经的助理 Anthony Thompson，Anthony Thompson 2002 年因为意外去世，所以这个刺绣也代表迈克·毕比对挚友的怀念。“10”不难理解，就是迈克·毕比在萨克拉门托国王队时期的背号。

Air Jordan 2 Low

JORDAN

Air Jordan 2 Low

迈克·毕比 萨克拉门托国王队主场配色 Air Jordan 5 低帮 Player Exclusive
Mike Bibby Sacramento Kings Home Player Exclusive

Air Jordan 5 Low

整个鞋底采用紫色，鞋身也是白色和紫色完美搭配，加上鞋跟部位的刺绣 “10”，这一切都在告诉世人，这双鞋是属于萨克拉门托国王队的迈克·毕比。

10

10

Air Jordan 5 Low

因为岁月的流逝，鞋身侧面的网状部分已经氧化、泛黄。耘硕曾经说过，球鞋的氧化是无法避免的，这是岁月带给它该有的样子。正如我们身边的爱人和亲人也会变老，也会有白发苍苍、满脸皱纹的那一天。然而，我们心中的爱却永远不会变老。

迈克·毕比 萨克拉门托国王队主场配色 Air Jordan 8 低帮 Player Exclusive
Mike Bibby Sacramento Kings Home Player Exclusive

Air Jordan 8 Low

这是一双迈克·毕比少有的没有紫色点缀的萨克拉门托国王队主场配色的专属鞋款，然而，通过“1Z”和“10”这些细节，我们依然可以看到迈克·毕比的影子。

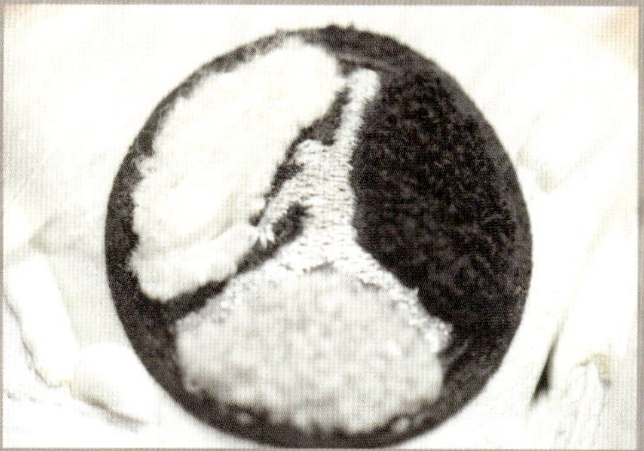

Mike Bibby

迈克·毕比 萨克拉门托国王队主场配色 Air Jordan 8 低帮（2008）Player Exclusive

Mike Bibby Sacramento Kings Home Player Exclusive

Air Jordan 8 Low (2008)

2008 年是一个特殊的年份，这一年，迈克·毕比被交换到亚特兰大老鹰队。所以，这双 2008 年的迈克·毕比萨克拉门托国王队配色的 Air Jordan 8 低帮 PE 就显得格外稀少。依然是白色和紫色为主基调，后跟带有迈克·毕比鲜明的个人元素——刺绣“TD”。

ike Bibby

Air Jordan

Sacramento Kings

8 Low (2008)

me Player Exclusive

迈克·毕比 萨克拉门托国王队主场配色 Air Jordan 12 低帮 Player Exclusive
Mike Bibby Sacramento Kings Home Player Exclusive

Air Jordan 12 Low

球员专属版鞋款当中，我最喜欢 Air Jordan 12，除了与球队相呼应的配色以外，通常都会在鞋跟部位做一个刺绣的点缀。看似简约的设计，反而把球员专属版的概念发挥得淋漓尽致。

Mike Bibby

迈克·毕比 萨克拉门托国王队主场配色 Air Jordan 12 低帮 Player Exclusive
Mike Bibby Sacramento Kings Home Player Exclusive

Air Jordan 12 Low

收藏球员专属版球鞋不是一朝一夕的事情，需要做足功课，循序渐进。首先，在我们决定开始收藏球员专属版球鞋的那一刻，就要做好无法穿它们的准备，毕竟这类球鞋都是按照球员本人尺码生产的，并不一定适合我们。其次，一个准确的定位也是很有必要的，这个定位可以是球员、品牌、鞋款等，根据自己的喜好，决定一个收藏方向。最后，资料收集也很重要，比如某位球员在不同时期的球鞋尺码，是否有比赛亲穿过同款球鞋的图片资料，年份与鞋标信息是否准确等。

切记，永远不要心急，不要购买有任何疑点的球员专属版球鞋。

Mike Bibby

JORDAN
QUALITY INSPIRED BY THE GREATEST PLAYER EVER
10
23

10

迈克 · 毕比 萨克拉门托国王队主场配色 Air Jordan 13 低帮 Player Exclusive

Mike Bibby Sacramento Kings Home Player Exclusive

Air Jordan 13 Low

Air Jordan 13 想必是大家非常喜欢的鞋款之一，如果再搭配白色和紫色，以及一些刺绣，这个颜值瞬间爆表的组合，是否能让你一见钟情呢？将迈克 · 毕比所有个人元素融入到 Air Jordan 13 上，这无疑是 Jordan Brand 的一个成功设计。

Air Jordan 13 Low

迈克·毕比 萨克拉门托国王队客场配色 Air Jordan 13 低帮 Player Exclusive

Mike Bibby Sacramento Kings Away Player Exclusive

Air Jordan 13 Low

鞋身侧面采用 3M 反光材料，加上仿鹿皮和其他皮质的结合，即使是不太轻易喜欢黑色球鞋的我，都无法抗拒它的美。其实，这款迈克·毕比萨克拉门托国王队客场黑紫配色 Air Jordan 13 低帮 PE 一共有两款。除了我手中这一款 “Light Purple” 以外，还有一款被称为 “Royal Purple”，最主要的区别在于紫色部分，“Royal Purple” 那一款的紫色会更深一些。

迈克·毕比 亲签 萨克拉门托国王队客场配色 Air Jordan 14 低帮 Player Exclusive
Mike Bibby Autographed Sacramento Kings Away Player Exclusive

Air Jordan 14 Low

提及 Air Jordan 14，大家最熟悉的莫过于 1998 年 6 月 14 日，NBA 总决赛第六场比赛，Michael Jordan 在比赛剩下最后 5.2 秒时投中的制胜一球，从而拿到了他的第六个 NBA 总冠军。那一刻，Michael Jordan 穿的就是黑红配色的 Air Jordan 14，后来那一款黑红配色的 Air Jordan 14 也被大家称为 “Last Shot”（“最后一投”）。

JORDAN

JORDAN

Mike Bibby

Air Jordan 14 对于 Michael Jordan 本人和曾经的“公牛王朝”，都是很有意义的一款鞋，因为它是 Michael Jordan 身披芝加哥公牛队球衣，在 NBA 赛场上穿过的最后一款 Air Jordan 系列球鞋。设计灵感来源于法拉利 550 M 的 Air Jordan 14，可以称得上是 Air Jordan 系列球鞋当中最舒适的鞋款之一了。两只鞋上各有 7 个 Jumpman Logo，加在一起正好 14 个 Jumpman Logo，与 Air Jordan 14 相呼应。

这双迈克·毕比的 Air Jordan 14 低帮 PE 从配色上就非常显著，黑色和紫色，象征着萨克拉门托国王队的客场配色。另外，迈克·毕比本人还在这双鞋上签上了他的名字。很遗憾，其中一个签名已经褪色，这也是一个时刻提醒我的信号，字迹或许会消失，但是对于球鞋的热爱不可以降温。

迈克·毕比 萨克拉门托国王队主场配色 Air Jordan 17 低帮 Player Exclusive
Mike Bibby Sacramento Kings Home Player Exclusive

Air Jordan 17 Low

实话实说，耘硕真正开始关注球鞋，并不是因为 Air Jordan 1 或者 Air Jordan 11，而是因为看见同学穿的 Air Jordan 17。当时，我看见同学穿的是一双元年市售版华盛顿奇才配色的 Air Jordan 17，第一感觉就是，这双鞋太美了，就连鞋底的设计都那么帅，而且细节非常多。Air Jordan 17，一双融合了爵士乐、阿斯顿马丁（Aston Martin）轿车、高尔夫球场等元素作为设计灵感的鞋款，再加上 Michael Jordan 以华盛顿奇才队球员的身份亲自上脚这款球鞋，使得 Air Jordan 17 在当年颇受欢迎。

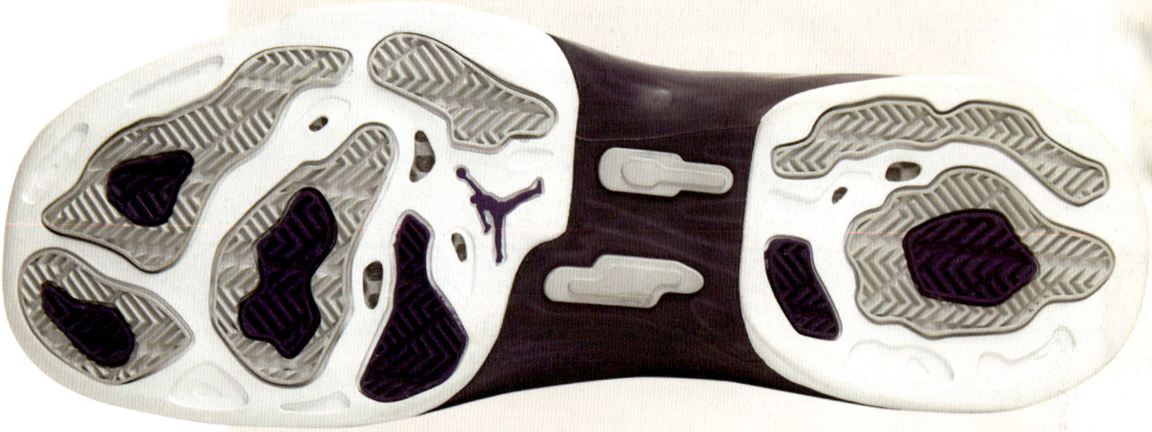

12

jordan

不同于市售版，迈克·毕比的这双球员专属版，不仅从配色上突出了萨克拉门托国王队的元素，也在很多细节方面体现了迈克·毕比的个人元素。比如：脚踝处的内衬上刺绣“BIB 10 TD”，分别代表迈克·毕比的名字缩写、背号、Team Dime 的缩写。另外，在后跟处的“1Z”也是迈克·毕比专属鞋款中最为鲜明的元素之一。

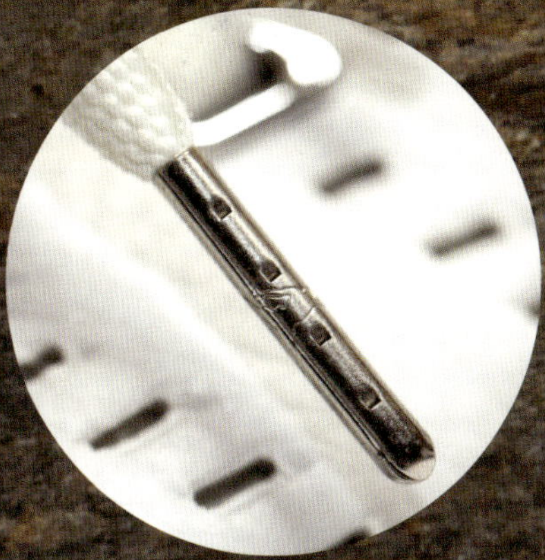

迈克·毕比 萨克拉门托国王队主场配色 Air Jordan 18.5 Player Exclusive
Mike Bibby Sacramento Kings Home Player Exclusive

Air Jordan 18.5

平时被问到最多的问题就是，“这些球员专属版都是怎么得到的？如果想要开始收藏球员专属版，需要注意哪些问题呢？”

其实收藏球员专属版和市售版需要注意的事情很相似。

第一，要有明确的定位。

第二，不要盲目地跟风、不要追高。

第三，购买前，做好功课，才会少吃亏。

第四，一定要确保了解卖家的背景、以往交易记录及口碑。

第五，购买前要权衡自己的能力，选择一个可以承担的价格区间。

第六，永远不要急于付款，并且一定要选择安全的支付方式。

第七，永远不要轻易相信任何人，即使他是一个大藏家、大玩家。

第八，多学多问，这样可以少走弯路，事半功倍。

Mike Bibby

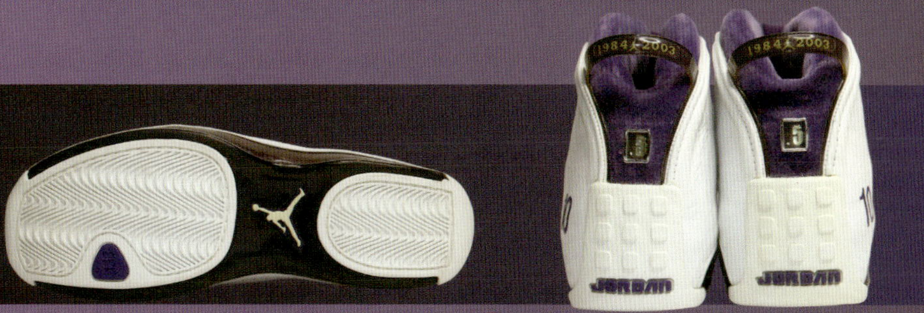

耘硕曾经也吃过亏，所以才从中学到教训，总结出这些经验，作为球鞋文化传播者，我希望看到每个人都可以很开心、以合理的价格买到自己喜爱的球鞋，尽可能营造一个健康的球鞋收藏氛围和环境。

迈克·毕比 萨克拉门托国王队主场配色 Air Jordan 19 低帮 Player Exclusive
Mike Bibby Sacramento Kings Home Player Exclusive

Air Jordan 19 Low

2004 年，Michael Jordan 造访中国，同时推广 Air Jordan 19。设计灵感源于非洲毒蛇——黑曼巴，并且首次使用 Tech-flex 科技的 Air Jordan 19，给人们带来了很强的视觉冲击。

10
BIBBY

Air Jordan 19 是我人生中第一双 Air Jordan 系列球鞋，是妈妈送给我的礼物，所以我格外珍惜。有的时候，球鞋所带给我们的不仅仅是快乐，也有亲人的爱和回忆。而这双迈克・毕比的球员专属版 Air Jordan 19，除了将高帮改为低帮以外，还在鞋头添加了爆裂纹元素（Cement Print），另有说法叫大象纹（Elephant Print）。“BIBBY”和 “10” 的刺绣也格外显眼，清楚地告诉大家，这双鞋的主人就是迈克・毕比。

Air Jordan 19 Low

迈克・毕比 萨克拉门托国王队客场配色 Air Jordan 19 低帮 Player Exclusive

Mike Bibby Sacramento Kings Away Player Exclusive

Air Jordan 19 Low

10
BIGGY

迈克·毕比 萨克拉门托国王队主场配色 Air Jordan 20 3/4 低帮 Player Exclusive
Mike Bibby Sacramento Kings Home Player Exclusive

Air Jordan 20 3/4 Low

Air Jordan 20 3/4 是一款基于 Air Jordan 20 设计的 3/4 球鞋，当年这款鞋的市售版发售时，并没有吸引很多人的眼球，所以很快就变为折扣商品。其实，这款鞋的设计细节真的很丰富。Air Jordan 20 3/4 保留了 Air Jordan 20 最为亮眼的镭射概念，将各代 Air Jordan 系列球鞋，以浮雕的方式在鞋身上完美呈现。看似杂乱无章，但又让你很容易发现每一款鞋的身影；鞋的中底部分也有一个黑豹造型的设计，与 Michael Jordan 的昵称 “Black Cat” 相呼应，所以，整体设计非常巧妙。多数 Air Jordan 20 3/4 的球员专属版，都会在鞋舌处体现球员的个人元素，比如这双迈克·毕比的专属版鞋款，就在鞋舌处刺绣了 “1Z”，一个迈克·毕比非常鲜明的个人符号，市售版则是一个 Jumpman Logo。然而，最让我意想不到的是，鞋舌处设计了魔术粘贴，揭开带有 “1Z” 刺绣的那一块，里面呈现了三个 25 分的硬币造型，这个设计是跟 Michael Jordan 的一个小故事有关。

Mike Bibby

Michael Jordan 上学的时候，虽然球技很棒，但无奈身高一直不够理想，所以被教练从校队名单中去除。非常沮丧的 Michael Jordan 问他的母亲，如何才能长高。他的妈妈为了不让 Michael Jordan 难过，随即让 Michael Jordan 将盐撒在鞋里，并且在袜子里放上三枚硬币，告诉他，这样就可以长高了。天真的 Michael Jordan 也的确这样做了，或许是命运的安排，Michael Jordan 真的长高了。从此，三枚硬币的故事便广为流传。还有人称，这三枚硬币仿佛是上帝的三枚纽扣滑落人间，让 Michael Jordan 成为 “披着 23 号球衣的上帝” 在篮球赛场上出现。

另外，这款 Air Jordan 20 3/4 还有一个容易被人忽略的细节，就是在鞋底侧面的一排数字和字母，“24515Foxen/T>32311Heard/J”。Foxen/T 代表 Tom Foxen，Heard/J 代表 Josh Heard，前面的数字分别是他们的员工号。这两位是参与 Air Jordan 20 设计和开发的工作人员，将他们的员工信息体现在这款球鞋上，也算是致敬他们为球鞋设计付出的努力。

迈克 · 毕比 萨克拉门托国王队客场配色 Air Jordan 22 低帮 Player Exclusive
Mike Bibby Sacramento Kings Away Player Exclusive

Air Jordan 22 Low

D' Wayne Edwards 是 Air Jordan 21 和 Air Jordan 22 的设计师，另外，D' Wayne 也是 PENSOLE 的创始人。他根据自己的背景和对于球鞋设计的理解，于 2011 年正式成立 PENSOLE FOOTWEAR DESIGN ACADEMY（PENSOLE 鞋履设计学院），目的是希望更多具有设计天赋的年轻人，可以通过 PENSOLE，早日实现他们的人生理想。2014 年，D' Wayne Edwards 发起 WSC（THE PENSOLE WORLD SNEAKER CHAMPIONSHIP）世界球鞋设计大赛。

Air Jordan 22 Mike Bibby

Air Jordan 22 设计灵感源于美国空军第四代主力战斗机 F-22 猛禽，这款战机强大的性能完美体现了 Michael Jordan 在球场上的统治力。迈克・毕比的这款 Air Jordan 22 PE，鞋身大面积采用仿鹿皮材质，黑紫配色呈现了萨克拉门托国王队的特色，鞋舌处的 “TD” 也是迈克・毕比专属鞋款的一个标志。迈克・毕比最常穿着的球鞋尺码是 US12 或者 US12.5。

Stephen Curry

第七章

Stephen Curry
斯蒂芬·库里

斯蒂芬·库里 2017 年 3 月 5 日、3 月 6 日 比赛亲穿、亲签 Under Armour Curry 3Zer0 Player Exclusive

Stephen Curry 2017/3/5 & 2017/3/6 Autographed Game Worn

Under Armour Curry 3Zer0 Player Exclusive

Stephen Curry

收藏球员亲穿的球鞋，除了要了解尺码、鞋标、细节等方面，最重要的是要有 Photomatch 证书。Photomatch 是指权威机构将比赛当天的高清图片和藏品进行比对，如果发现一处或者几处完全相同的穿着痕迹，包括：折痕、污渍、手写在球鞋上的字等，则可以判定，这双球鞋就是某位球员在某场比赛亲穿的球鞋。目前，Mei Gray Group（简称“MGG”）是 NBA 官方认可的最权威的机构。这双库里亲穿的 Curry 3Zer0 就是由 MGG 认证，确定库里在 2017 年 3 月 5 日，金州勇士队客场迎战纽约尼克斯队（勇士 112：105 获胜）和 2017 年 3 月 6 日，金州勇士队客场迎战亚特兰大老鹰队（勇士 119：111 获胜）亲穿的球鞋。也就是说，库里亲穿这双球鞋打了两场比赛，并且都取得了胜利。

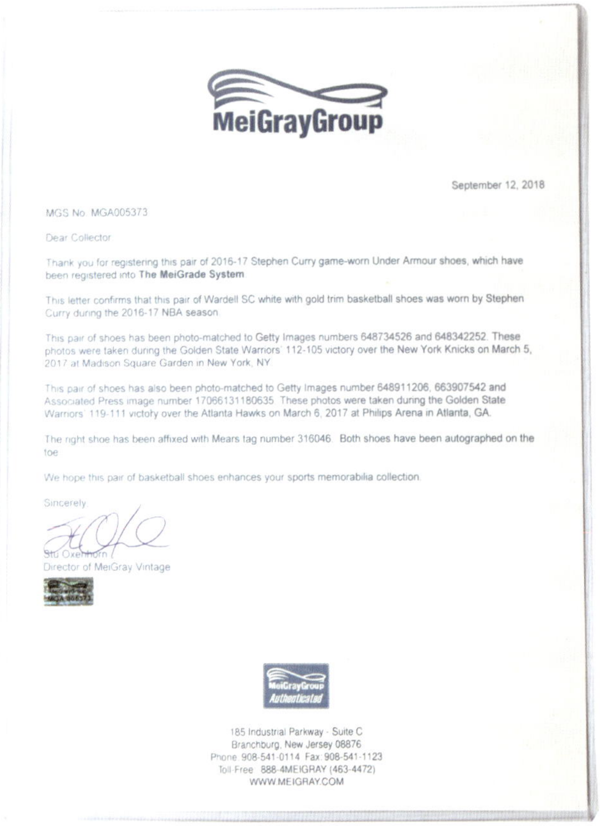
MeiGrayGroup

September 12, 2018

MGS No. MGA005373

Dear Collector

Thank you for registering this pair of 2016-17 Stephen Curry game-worn Under Armour shoes, which have been registered into **The MeiGrade System**.

This letter confirms that this pair of Wardell SC white with gold trim basketball shoes was worn by Stephen Curry during the 2016-17 NBA season.

This pair of shoes has been photo-matched to Getty Images numbers 648734526 and 648342252. These photos were taken during the Golden State Warriors' 112-105 victory over the New York Knicks on March 5, 2017 at Madison Square Garden in New York, NY.

This pair of shoes has also been photo-matched to Getty Images number 648911206, 663907542 and Associated Press image number 17066131180635. These photos were taken during the Golden State Warriors' 119-111 victoty over the Atlanta Hawks on March 6, 2017 at Philips Arena in Atlanta, GA.

The right shoe has been affixed with Mears tag number 316046. Both shoes have been autographed on the toe.

We hope this pair of basketball shoes enhances your sports memorabilia collection.

Sincerely,

Stu Oxenhorn
Director of MeiGray Vintage

MeiGrayGroup Authenticated

185 Industrial Parkway · Suite C
Branchburg, New Jersey 08876
Phone: 908-541-0114 Fax: 908-541-1123
Toll-Free: 888-4MEIGRAY (463-4472)
WWW.MEIGRAY.COM

"I Can do all things..."
2017

库里亲穿的球鞋有几个特点，也是他的个人习惯，就是他在比赛上场之前，会在他的战靴上亲手写上一些字。比如：“I can do all things...”“WSC”“Romans 8:28”。库里截取腓立比书第四章第 13 节 “I can do all things through Christ who strengthens me”（我靠着基督给我的力量，我凡事都能做），库里通常把这句话简化成 “I can do all things...”（我凡事都能做）写在球鞋上，用来激励自己。“WSC” 则是库里的全名 “Wardell Stephen Curry II” 的缩写。“Romans 8:28” 源于一个小故事，库里在一次接受媒体采访的时候说，在他开始新生训练的时候，他的母亲通过短信给他发了一条《圣经》经文。库里的母亲最喜欢的《圣经》经文是罗马书 8:28 “All things work together for the good of those who love Him and are called according to His purpose”（我们晓得万事都互相效力，叫爱神的人得益处，就是按他旨意被召的人）。库里说，他母亲发这个短信给他，就是为了鼓励并且激励他，让他可以有力量、专注力和信仰，去面对任何新的挑战。

I Can do all things..
Stephen
Curry
WSC
SC
Romans 8:28

ll things...

I can do a

斯蒂芬·库里 2015—16 赛季 比赛用护牙套

Stephen Curry 2015-16 Season

Game Used Mouthguard

因为我太太是库里的球迷，这也是我收藏库里亲穿物件的原因之一。不用担心，这个库里比赛用过的牙套是经过消毒的。故事非常有趣，2015 年 12 月 31 日，我的一个好朋友在休斯敦火箭队的主场——丰田中心，观看了休斯敦火箭队主场迎战金州勇士队的比赛。那场比赛异常激烈，最终金州勇士队以 114 : 110 取得胜利。汤普森和格林是那场比赛的功臣，因为库里腿部受伤，所以那场比赛他并没有上场。我的朋友就坐在球员休息区附近的位置，比赛期间，他看见金州勇士队的工作人员，从旅行袋里拿出过几样东西给一些球员。比赛结束后，队员们就纷纷回到更衣间。就在我朋友将要离开的时候，他看见地上有一个盒子，盒子上面有一个标签，写着“CURRY”，他捡起来，等待金州勇士队的工作人员回来寻找，然而，并没有人回来。随后，他便把盒子拿走（后来经过和金州勇士队工作人员的沟通，确认可以作为礼物给他保留）。当他打开盒子的一瞬间，他很吃惊，原来是库里的牙套，经过辨别，的确是使用过的，牙套上还印有金州勇士队的 Logo 和 库里的背号信息。他知道我太太是库里的球迷，也希望可以把这份幸运传递给我，所以，就把这份礼物送给了我。友谊不能用金钱去衡量，这份礼物真正体现了友谊长存的道理。

GOLDEN STATE
#30:CURRY

WARRIORS
#30:CURRY

斯蒂芬·库里 2013 年 5 月 12 日 NBA 西部半决赛第四场比赛 亲穿、亲签球衣

Stephen Curry 2013/5/12 Autographed Game Worn Jersey on NBA Western Semi-Finals Game 4

Autographed Game Worn Jersey

NBA
EVERY PLAYER. EVERY GAME
AUTHENTICS
GWA 00972
CLIMACOOL
adidas
SIZE
XL
LENGTH +2"
PLAYER ID
5/12/13
Stephen Curry
Authenticated
SC0800
CURRY
30

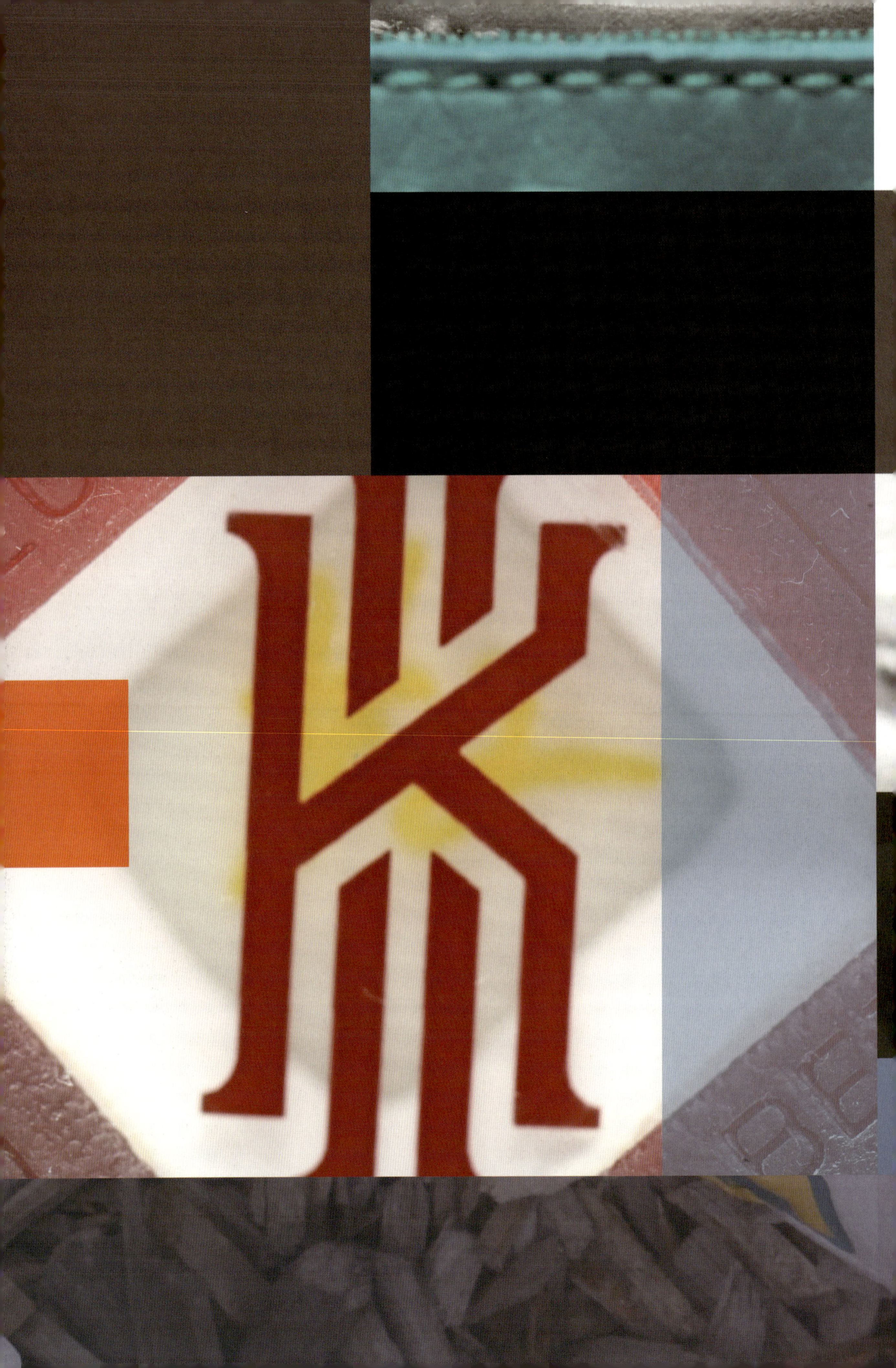

第八章

All Stars

众星云集

All Stars

凯里·欧文 2017 年 5 月 25 日 NBA 东部总决赛第五场比赛 亲穿、亲签 Kyrie 3

Kyrie Irving 2017/5/25 on NBA Eastern Conference Finals Game 5

Autographed Game Worn Kyrie 3

实话说，我并不是欧文的球鞋专家，我所有藏品当中，只有这一双欧文的球鞋。我曾经说过，我是一个比较重视球鞋颜值的人，虽然，萝卜白菜，各有所爱，每个人的审美标准不同。经典的克利夫兰骑士队配色，红、白、黄，当我看到这双鞋的第一眼时，就完全被它吸引了。脚掌处很明显的有一块大碳板，只有欧文的专属鞋款才会有碳板配置，普通市售版是没有的。另外，两只鞋的中底，欧文分别用黑色马克笔手写了 “Whiplash” 和 ” D.A.K.L”，还有一个爱心。很多NBA球星都有这个习惯，在自己亲穿上场的球鞋上，写上自己想说的话或者信息，一般都是激励自己或者和家人有关的内容。

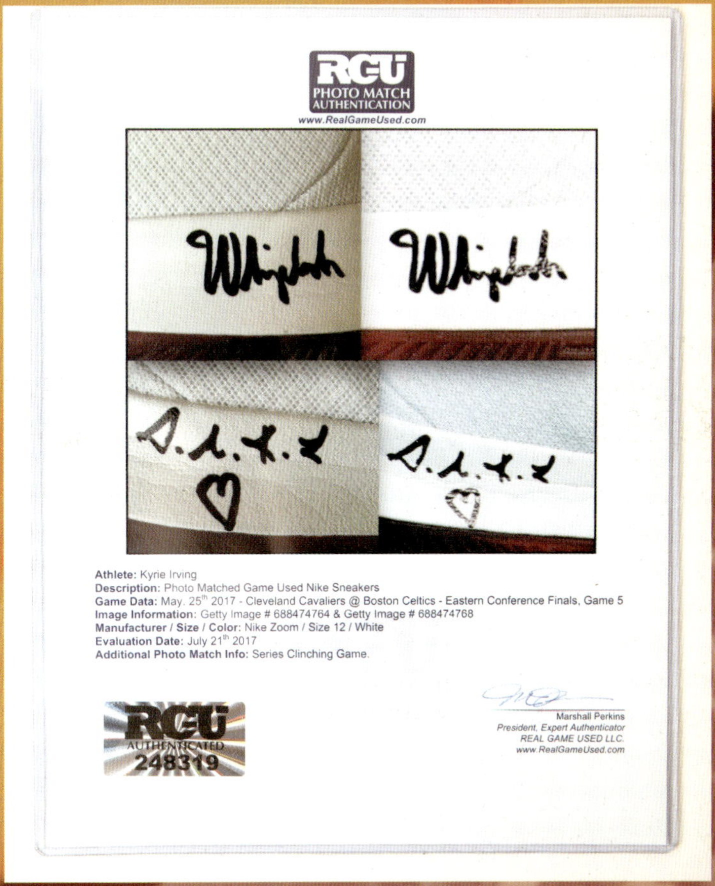

RGU PHOTO MATCH AUTHENTICATION

www.RealGameUsed.com

Athlete: Kyrie Irving

Description: Photo Matched Game Used Nike Sneakers

Game Data: May. 25th 2017 - Cleveland Cavaliers @ Boston Celtics - Eastern Conference Finals, Game 5

Image Information: Getty Image # 688474764 & Getty Image # 688474768

Manufacturer / Size / Color: Nike Zoom / Size 12 / White

Evaluation Date: July 21th 2017

Additional Photo Match Info: Series Clinching Game.

RGU AUTHENTICATED 248319

Marshall Perkins

President, Expert Authenticator

REAL GAME USED LLC.

www.RealGameUsed.com

其实，欧文除了喜欢阅读以外，他也非常喜欢唱歌、跳舞，以及演奏萨克斯。《Whiplash》是一部非常著名的电影，中文翻译为《爆裂鼓手》，主演是迈尔斯·泰勒 和 JK. 西蒙斯，影片于 2014 年上映，电影讲述的是一位年轻的爵士乐鼓手的励志故事。欧文是这部电影的粉丝，所以他会手写“Whiplash”在他亲穿的球鞋上，用来鼓励自己。另一只鞋上写着 “D.A.K.L” 加上一个爱心，分别代表欧文的每位家庭成员。D = Drederick Irving（欧文的父亲），A = Asia Irving（欧文的姐姐），K = Kyrie Irving（欧文本人），L = London Irving（欧文的妹妹），爱心则代表着欧文对家人的爱。

德里克·安德森 波特兰开拓者队主场配色 Air Jordan 9 低帮 Player Exclusive
Derek Anderson Portland Trail Blazers Home Player Exclusive
Air Jordan 9 Low

有多少人还记得德里克.安德森？曾经被 Michael Jordan 任命的“最初五人”之一，1996 年帮助肯塔基大学（University of Kentucky）赢得了当年 NCAA 冠军。他先后效力于克里夫兰骑士队、洛杉矶快船队、圣安东尼奥马刺队、波特兰开拓者队、休斯敦火箭队、迈阿密热火队、夏洛特山猫队（现在的夏洛特黄蜂队），并且在 2005—06 赛季，赢得 NBA 总冠军。

德里克·安德森曾经说过“Loyalty is my life”，“Loyalty”也就是 “忠诚”，他把忠诚看的比一切都重要。所以，在德里克·安德森的球员专属版球鞋上，最常看见的元素就是他的名字缩写“DA”，背号“1”，以及“Loyal”。

Derek Anderson

德里克·安德森 波特兰开拓者队主场配色 Air Jordan 12 低帮 Player Exclusive
Derek Anderson Portland Trail Blazers Home Player Exclusive

Air Jordan 12 Low

不同于其他拥有 Air Jordan 12 球员专属版的球星，德里克·安德森的 Air Jordan 12 PE 最大的特点除了低帮以外，在鞋舌上的刺绣，也专门做了改变。将我们常见的 “T W O 3” 改为 “DA 1”，彰显个性的同时，也看得出 Jordan Brand 还是非常重视德里克·安德森的。即使拥有非常多 Air Jordan 球员专属版鞋款的迈克·毕比，他的 Air Jordan 12 PE 鞋舌部分的刺绣依然还是 “T W O 3”。

LOYAL 1

D
A
1

LOYAL 1
JUMPMAN
LOYAL 1

德里克·安德森 夏洛特山猫队客场配色 Air Jordan 8 低帮 Player Exclusive

Derek Anderson Charlotte Bobcats Away Player Exclusive

Air Jordan 8 Low

很多朋友问过我同一个问题，我收藏这么多老鞋子，是如何做到把它们保存的这么好的。其实很简单，球鞋保存最需要注意的几个要素是：存放环境需要有适宜的温度和湿度；合理使用干燥剂；避免阳光直射；切勿使用热缩膜塑封；防尘，但偶尔需要让它们出来“呼吸”一下新鲜空气。目前我的球鞋存放环境，湿度一般维持在 45% ~ 50%，如果你的球鞋存放环境属于干燥地区，则不建议使用干燥剂，以免加速球鞋的粉化；如果球鞋存放在潮湿地区（湿度大于 60%），则一定要适当使用干燥剂，在潮湿严重地区，则需要考虑使用除湿机。因为潮湿的环境非常不利于球鞋的保存，会极大地缩短球鞋寿命。另外，阳光直射也是导致球鞋加速氧化的一个重要因素，所以一定要避光保存。热缩膜虽然有防尘和固型的作用，但是它对球鞋的伤害极大，特别是漆皮材质的球鞋，如果不能做到经常更换热缩膜的话，久而久之，热缩膜会粘在鞋面上，对球鞋造成不可逆的破坏。我们看到一些球鞋店铺使用热缩膜包裹鞋架上的商品，主要目的是为了防止顾客将球鞋弄脏、弄坏，并不意味着这是一个好的保存方式。

Derek Anderson Air Jordan 8 low

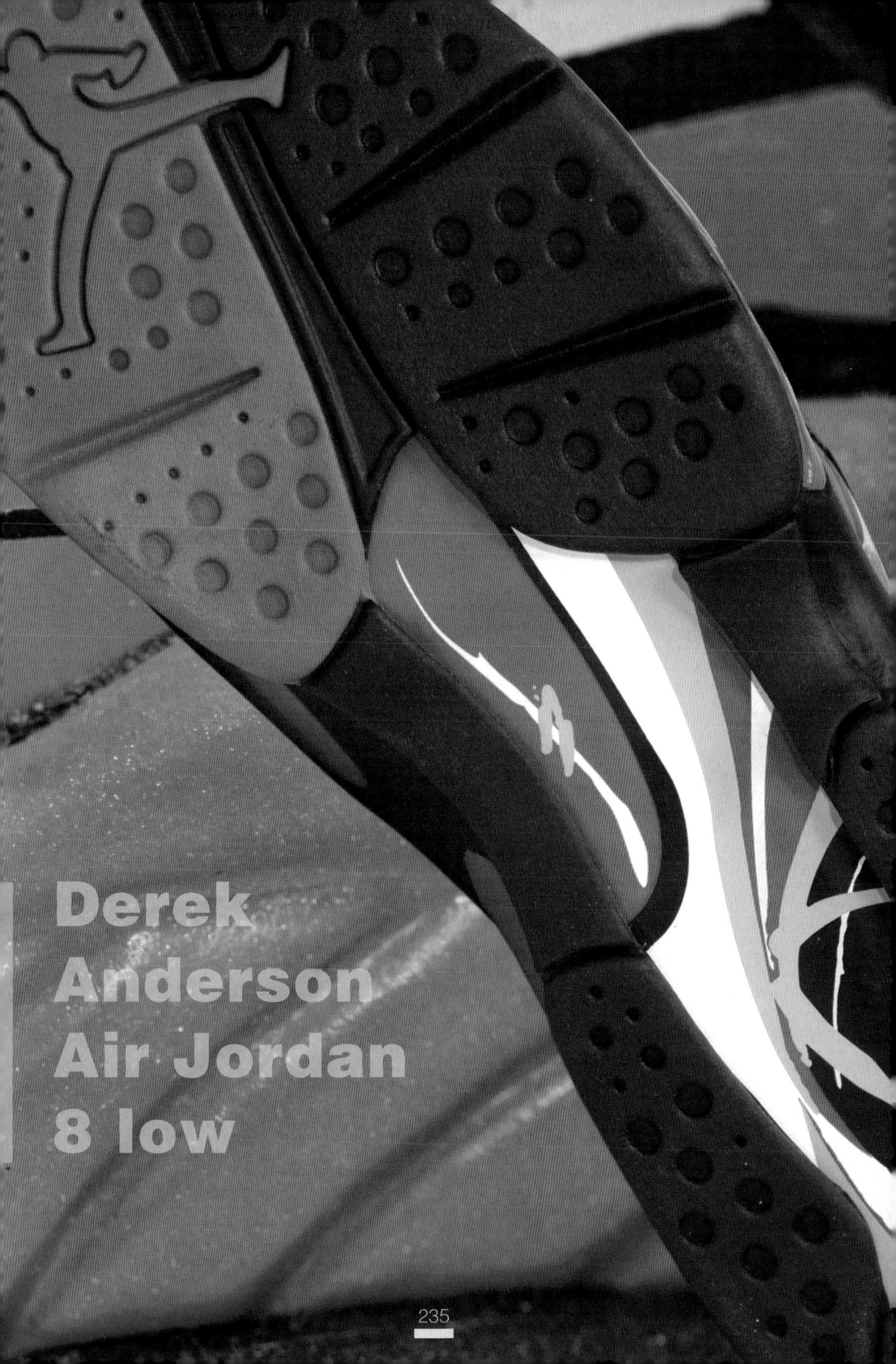

Air Jordan 8 low

我目前保存球鞋的方法是，将球鞋用质地柔软的白色毛巾包裹起来，然后放进防尘收纳袋中，再放进鞋盒当中，避光保存。选择质地柔软的白色毛巾包裹球鞋的好处是，不会对球鞋表面造成损坏，也不会有染色的风险。因为原盒附带的衬纸经过几年后，会因为氧化变黄，这个颜色容易被染到球鞋表面，特别是白色的鞋款。另外，毛巾有一定的吸水功能，也就加强了除湿效果。最后不要忘记，球鞋也是有“生命”的，偶尔拿出来欣赏一下，让它们“呼吸”一下新鲜空气，也是有好处的。

LOYAL1
LOYAL1

克里斯·保罗 新奥尔良黄蜂队主场配色 Air Jordan 8 Player Exclusive
Chris Paul New Orleans Hornets Home Player Exclusive

Air Jordan 8

克里斯·保罗在新奥尔良黄蜂队时期的球员专属版可谓是真的漂亮，可能是个人喜好的原因，我对新奥尔良黄蜂队配色总是爱不释手。“CP3” 是克里斯·保罗球员专属版鞋款上最常见的标识，“CP”便是克里斯·保罗名字“Chris Paul”的缩写，“3”则是他的背号，这个克里斯·保罗专属 Logo 被一直沿用到现在。

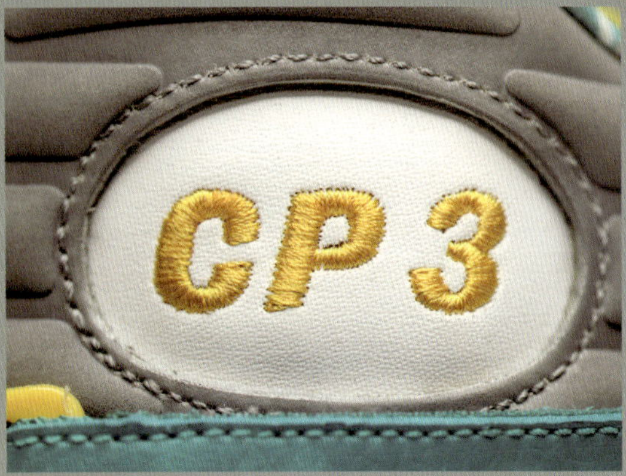

Air Jordan 8

Chris Paul Air Jordan 8

CP3
AIR JORDAN

克里斯·保罗 2016 年 4 月 20 日 NBA 西部 1/4 决赛第二场比赛亲穿洛杉矶快船队球衣

Chris Paul 2016/4/20 on Western Conference Quarterfinal Game 2

Game Worn Los Angels Clippers Home Jersey

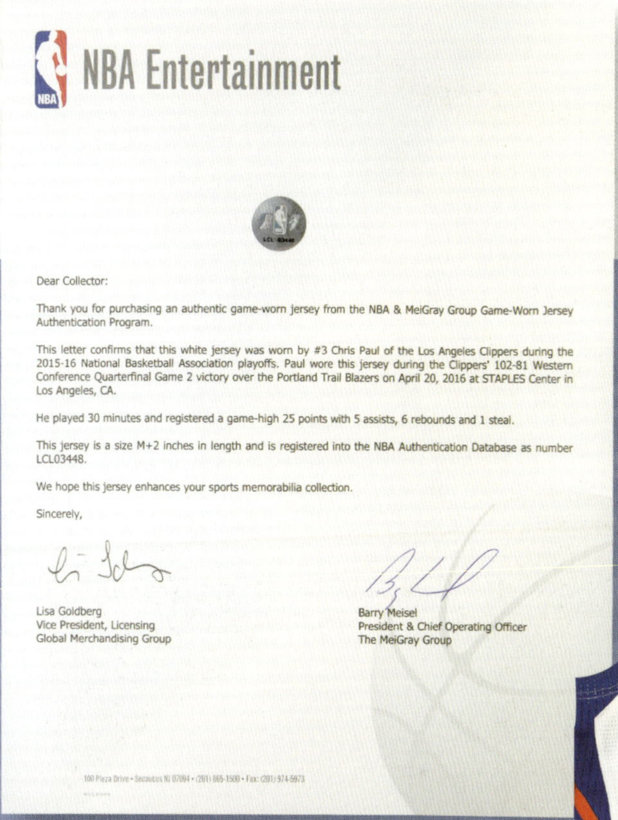

NBA Entertainment

Dear Collector:

Thank you for purchasing an authentic game-worn jersey from the NBA & MeiGray Group Game-Worn Jersey Authentication Program.

This letter confirms that this white jersey was worn by #3 Chris Paul of the Los Angeles Clippers during the 2015-16 National Basketball Association playoffs. Paul wore this jersey during the Clippers' 102-81 Western Conference Quarterfinal Game 2 victory over the Portland Trail Blazers on April 20, 2016 at STAPLES Center in Los Angeles, CA.

He played 30 minutes and registered a game-high 25 points with 5 assists, 6 rebounds and 1 steal.

This jersey is a size M+2 inches in length and is registered into the NBA Authentication Database as number LCL03448.

We hope this jersey enhances your sports memorabilia collection.

Sincerely,

Lisa Goldberg
Vice President, Licensing
Global Merchandising Group

Barry Meisel
President & Chief Operating Officer
The MeiGray Group

100 Plaza Drive • Secaucus NJ 07094 • (201) 865-1500 • Fax: (201) 974-5973

NBA
EVERY PLAYER EVERY GAME
LCL 03448
climacool
adidas
SIZE
M
PLAYER ID
LENGTH +2"

NBA

NBA
PAUL
3

卡梅隆·安东尼 Air Jordan 7 奥运 Player Exclusive
Carmelo Anthony Olympic Player Exclusive
Air Jordan 7

除了 Michael Jordan 以外，另有四位NBA球星，也拥有 Air Jordan 7 奥运专属 PE。他们分别是：雷·阿伦（Ray Allen）、卡梅隆·安东尼（Carmelo Anthony）、迈克尔·芬利（Michael Finley）、贾森·基德（Jason Kidd）。2004 年，为了迎合雅典奥运会，Jordan Brand 推出 Air Jordan 7 Olympic 复刻，并且特别定制了四款，分别作为 Team Jordan 成员的球员专属版。雷·阿伦球员专属版，两只鞋后跟部位分别刺绣 “RAY” 和奥运国家队背号 “12”；卡梅隆·安东尼球员专属版，两只鞋后跟部位都是刺绣他的名字的缩写 “MELO”；迈克尔·芬利球员专属版，两只鞋后跟部位都是刺绣他的名字的缩写 “FIN”；贾森·基德球员专属版，两只鞋后跟部位都是刺绣他的专属 Logo 和奥运国家队背号 “5”。很遗憾，耘硕目前只收集到卡梅隆·安东尼和迈克尔·芬利这两名球员的 Air Jordan 7 Olympic PE。不过有遗憾其实是一件好事，当我们还有梦要去追的时候，才能感受到收藏的魅力；当我们拥有一切的时候，反而会因为失去目标而茫然。

9

9
MELO
9
MELO

迈克尔·芬利 Air Jordan 7 奥运 Player Exclusive

Michael Finley Olympic Player Exclusive

Air Jordan 7

Michael Finley

昆汀・理查德森 菲尼克斯太阳队客场配色 Air Jordan 13 Player Exclusive
Quentin Richardson Phoenix Suns Away Player Exclusive

Air Jordan 13

昆汀・理查德森的球员专属版，最常见的个人元素就是他的名字缩写 “Q.RICH”。
据传这款昆汀・理查德森的球员专属版当年只生产了三双，所以真的格外珍贵。

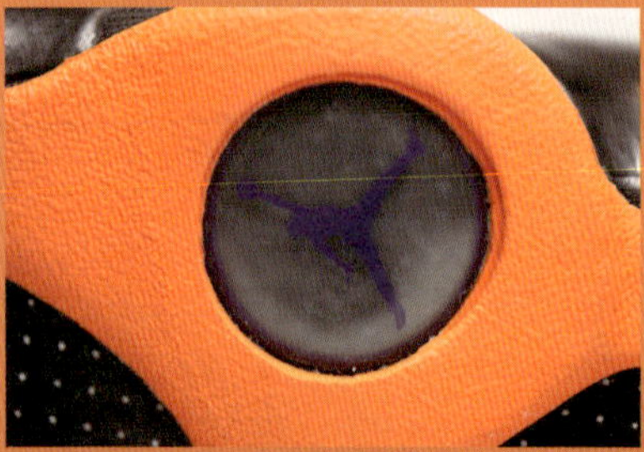

Quentin Richardson
Air Jordan 13

朱万·霍华德 休斯敦火箭队主场配色 Air Jordan 13 Player Exclusive
Juwan Howard Houston Rockets Home Player Exclusive

Air Jordan 13

如果不看鞋舌上的刺绣，我们会误以为这双就是普通市售版的 Air Jordan 13 “History of Flight”。其实，这就是球员专属版与普通市售版的差别，往往就在一些小细节上有所不同。朱万·霍华德，我们中国球迷亲切地称他为“霍二叔”。他毕业于密歇根大学，曾经在大学时代，与另外四名队友（克里斯·韦伯、贾伦·罗斯、吉米·金、雷·杰克逊）并称为“密歇根五虎”。2004 年，霍华德连同自己的队友特雷西·麦克格雷迪和泰伦·卢，一起被交易到休斯敦火箭队，与中国球员姚明成为队友。刺绣“5”便是霍华德在火箭队时期的背号。

Air
Jordan
13

拉玛库斯·阿尔德里奇 圣安东尼奥马刺队主场配色 Air Jordan 31 Player Exclusive
LaMarcus Aldridge San Antonio Spurs Home Player Exclusive

Air Jordan 31

AIR JORDAN

马库斯·乔丹 初中时期 Air Jordan 17+ Player Exclusive
Marcus Jordan Player Exclusive during Middle School

Air Jordan 17+

马库斯·乔丹，“篮球之神” Michael Jordan 的小儿子，1990 年 12 月 24 日出生。作为 Michael Jordan 的儿子，在中学时期就拥有自己的球员专属版球鞋，一点不足为奇。2012 年 8 月，马库斯·乔丹决定退出中央佛罗里达大学篮球队，但表示会继续完成学业。2016 年 5 月 23 日，马库斯·乔丹在美国佛罗里达州奥兰多市开办了一家球鞋店，名为 “Trophy Room”，选择 5 月 23 日这个日期，是因为他在中央佛罗里达大学篮球队时的背号是 5 号，而他的父亲 Michael Jordan 的背号是 23 号。

Air Jordan 17+

2012 年伦敦夏季奥运会 美国男篮梦十队 Air Jordan 4 Player Exclusive
2012 London Summer Olympics United States Men's Basketball Dream Team

Air Jordan 4 Player Exclusive

如果不仔细观察，这双美国男篮梦十队的 Air Jordan 4 球员专属版，很容易会被认为是 2016 年发售的 Air Jordan 4 复刻 “Alternate 89” 。虽然主体配色几乎一致，白色和红色，然而细节却非常不同。除了鞋标是球员专属版的鞋标以外，最明显的就是鞋舌部分的方形布料和 Jumpman Logo 的颜色不同。2016 年市售版是白色布料搭配黑色 Jumpman Logo，而 2012 年伦敦奥运会美国男篮国家队的球员专属版则是红色布料搭配金色 Jumpman Logo。后跟颜色搭配也有所不同，市售版是白色后跟搭配黑色 Jumpman Logo，而这双球员专属版是红色后跟搭配金色 Jumpman Logo。最早曝光这个国家队球员专属版的球员是卡梅隆・安东尼。

Air Jordan 4

加里·佩顿 洛杉矶湖人队主场配色 Nike Zoom Flight 2K3 Player Exclusive

Gary Payton Los Angels Lakers Home Player Exclusive

Nike Zoom Flight 2K3

加里·佩顿在场上主要担任控球后卫的角色，之所以他有“手套”这个外号，就是因为他极为擅长防守，是 NBA 史上得分最多的控球后卫。他也是唯一一位获得 NBA 最佳防守球员奖项的控球后卫。2002—03 赛季结束后，加里·佩顿成为完全自由球员，他和卡尔·马龙一同加盟洛杉矶湖人队。但很遗憾的是，那个赛季，洛杉矶湖人队在总决赛中，1 ： 4 不敌底特律活塞队，没能拿到总冠军。加里·佩顿另外还有一点比较出名，就是 trash–talk (垃圾话)，他经常用这种方式激怒对手，从而影响对方的表现，算是一种心理战的套路吧。这双鞋典型的洛杉矶湖人队主场配色——白、黄、紫，是加里·佩顿在洛杉矶湖人队时期的球员专属版。后跟处的刺绣“GP”是加里·佩顿的名字“Gary Payton”的缩写，“20”则是他在洛杉矶湖人队时期的背号。

Nike Zoom Flight 2K3

2002–2003

加里・佩顿 洛杉矶湖人队客场配色 Nike Zoom Flight 2K3 Player Exclusive

Gary Payton Los Angels Lakers Away Player Exclusive

Nike Zoom Flight 2K3

洛杉矶湖人队客场配色——黑、黄、紫，加上加里・佩顿的专属刺绣“GP”和“20”，使得 Nike Zoom Flight 2K3 简约但不简单的设计变得更显档次。

2K3

卡斯坦·查尔斯·沙巴西亚 MLB 纽约洋基队亲穿、亲签 Air Jordan 11 Concord 场地训练鞋 Player Exclusive

CC.Sabathia MLB New York Yankees Autographed Game Worn Turf Player Exclusive

Air Jordan 11 Concord

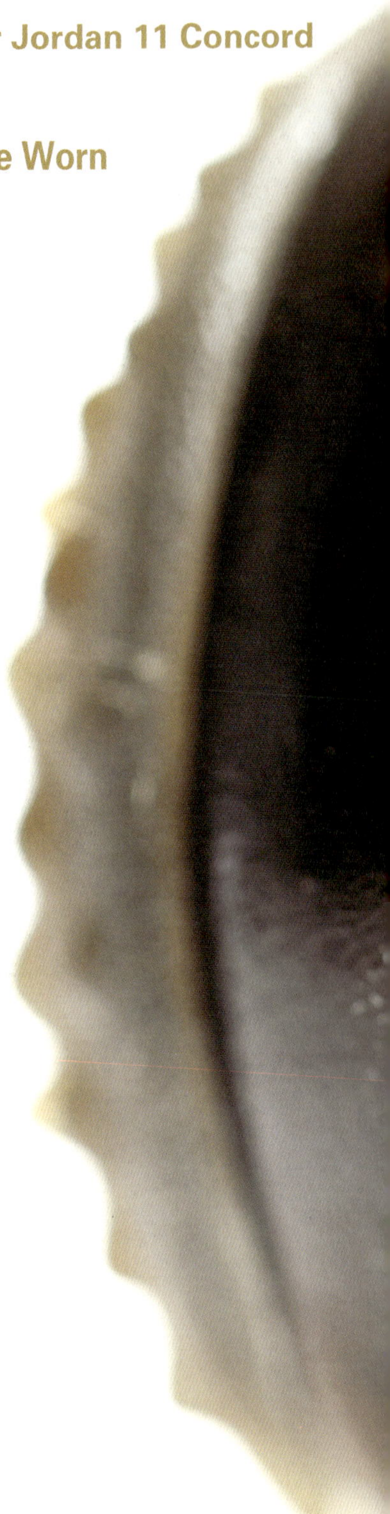

卡斯坦·查尔斯·沙巴西亚（CC Sabathia）是美国职业棒球大联盟(美联)球员，目前效力于纽约洋基队。2001 年球季，CC 正式成为当时美联最年轻的选手，也是出生于 20 世纪 80 年代的球员中最先在美联登板的。每九局被击出 7.44 支安打，是美联最高的。2006 年球季的完投是美联之冠(6 场)。他的完封场次也是美联最多（2 场）。2007 年 5 月 21 日，在对西雅图水手队的比赛中，CC 将铃木一朗三振，写下生涯第 1000 次三振，并且在 9 月 28 日成为继 1993 年的葛瑞格·麦达克斯（Greg Maddux）以来，最年轻的 100 胜投手。2009 年 CC 拿下 19 胜 8 败的成绩，成为美联的胜投王。

棒球鞋一般分为三种，即铁钉（Metal Spikes）、硬塑料安全钉（Plastic Cleats）、场地鞋（Turf）。如果有比较规范的场地，多数会选择铁钉或者硬塑料钉；如果是业余选手，一般选择硬塑料钉，主要是从安全方面考虑。如果场地是假草场或者塑胶场地，一般选择场地鞋（Turf），Turf 多数用于体能训练、打击训练、放松计划。Turf 一般分为两种，一种是平底鞋（Flat Bottom），另一种是训练鞋（Practice Shoe）。

这双 CC Sabathia 的球员专属版最大的特点就是将 Air Jordan 11 后跟通常使用的“23”变成 CC 的背号 “52”，由此可见 Jordan Brand 对 CC 的重视程度。

Air Jordan 11

卡斯坦·查尔斯·沙巴西亚 MLB 纽约洋基队 Air Jordan 11 Space Jam 场地训练鞋 Player Exclusive

CC.Sabathia MLB New York Yankees Turf Player Exclusive

Air Jordan 11 Space Jam

dan 11

Other Samples
and Friends & Family

第九章

Other Samples and Friends & Family

其他样品鞋及亲友限定版

2010 年 25 周年纪念 Air Jordan 11 样品版（限量 25 双）
2010 25th Silver Anniversary Air Jordan 11 Sample 1 of 25
Air Jordan 11 Sample

2010年，Air Jordan 系列篮球鞋迎来了25周年纪念。婚姻纪念日中，25周年就是我们所谓的“银婚纪念日”，英文是“25th Silver Anniversary”。所以，Jordan Brand 在这个特殊的年份里，推出了这款名为“25th Silver Anniversary”的 Air Jordan 11。

25 周年

这款 Air Jordan 11 一共有两个版，一是当时普通的市售版，二是限量 25 双的特别版。最大的区别是，普通市售版取消了鞋帮部位的 Jumpman Logo，而特别版则保留了 Jumpman Logo 的刺绣。另外，特别版还附赠了一个银色的圆形纪念牌，上面写着 “SILVER ANNIVERSARY” “23” “25” “AJ11 1 of 25” 和一个 Jumpman Logo。当时，这 25 双特别版是随机发放的，因为数量稀少，并且有别于普通市售版，所以，不少球鞋收藏爱好者都希望可以拥有这 25 双的其中一双。

2010

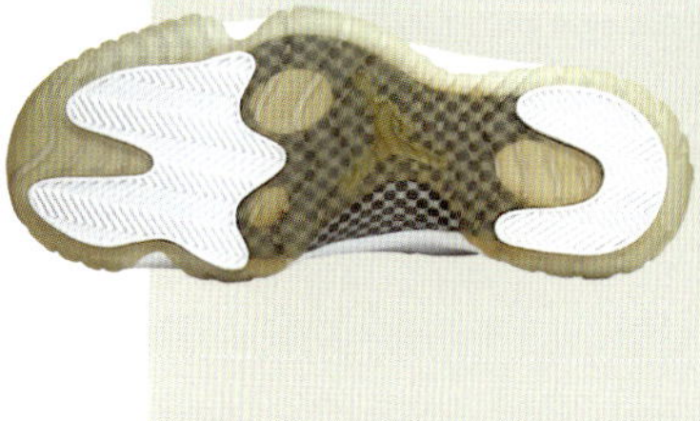

1999 年 Air Jordan 4 白水泥配色 原型样品（初版）

1999 Air Jordan 4 White Cement Prototype Sample

Air Jordan 4 Sample

一般一双球鞋从设计到最终生产，会经历不同阶段，所以会生产不同版的样品鞋。这一双 1999 年的 Air Jordan 4 白水泥配色的样品，属于最早期的设计样品。不同于 1999 年最终确定的市售版，这双样品的后跟处是一个 Jumpman Logo，而最终的市售版则是被我们称为“老屁股” 的 Nike Air Swoosh Logo。另外，这双最初样品的后跟处采用的是皮质材料，而最终市售版则选用了其他材质代替了皮质。

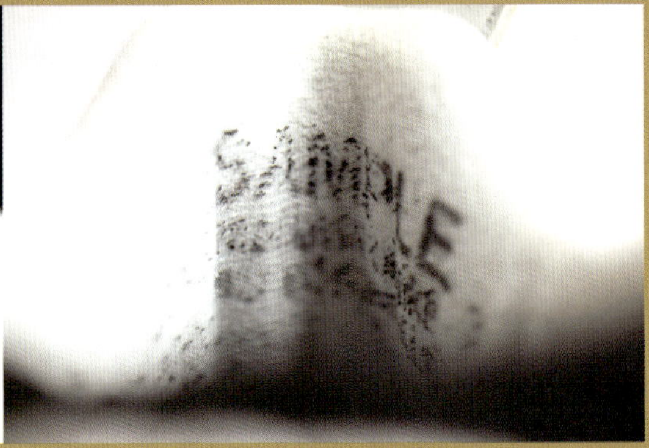

1999

Air Jordan 2010 x Undertow 样品鞋

Air Jordan 2010 x Undertow Sample

Air Jordan 2010

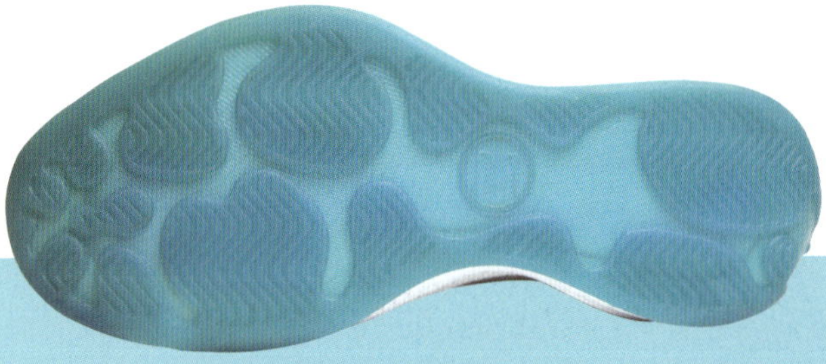

Air Jordan 2010
undertow

2006 年 Air Jordan 21 PE 联名 SLAM 100

2006 Air Jordan 21 PE x SLAM 100

Air Jordan 21

Air Jordan 21

2006
Air Jordan 21

Jason Kidd Nike Shox BB4 3/4 原型样品（初版）

Jason Kidd Nike Shox BB4 3/4 Prototype Sample

Nike Shox BB 3/4 Sample

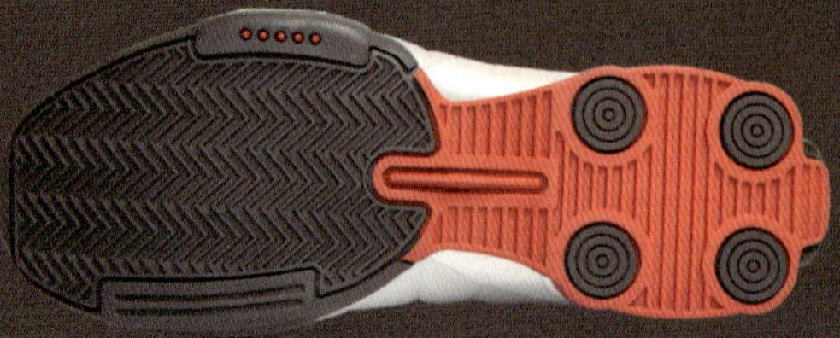

FT
5
DATE:08/22/'00
SEASON:H00
SRF NO.:BBM544-M35-C1-000802
MODEL:NIKE SHOX BB4 3/4 HI M
EN
COLOR:BLACK/MT SLIBER-VAR RE
D
SIZE:M9
LAST:QD15H
UPR MTL:1.3 NSR99 SYNS
Production Fcty`:
SAM TYPE:PROMO L.S
MADE IN TAIWAN
Bvin PDM:PLAM

Nike x Sole Collector Zoom Rookie Galaxy 样品鞋

Nike x Sole Collector Zoom Rookie Galaxy Sample

Nike x Sole Collector Sample

普通市售版的 Nike Zoom Rookie Galaxy，撕掉鞋舌处的“Nike”魔术贴，里面是 Penny Hardaway 的“1 Cent” Logo。而与 Sole Collector 联名的这款，撕掉魔术贴后，里面则是 Sole Collector 的“S” Logo。细节决定一切。

S

NIKE

REMOVE BEFORE
FLIGHT
NIKE

2012 年 Nike Air Foamposite NRG 亲友限定版 银河喷

2012 Nike Air Foamposite NRG Friends & Family Sample

Nike Air Foamposite NRG

所谓亲友限定版（Friends & Family）就是作为礼物，赠送给参与设计或者任何相关工作人员、球员，以及这些人员的亲属的版本。不同于普通市售版，这类亲友限定版多数做工更优良，并且在鞋标处会表明身份，一般会选择使用样品鞋的鞋标。

Nike Air Foamposite NRG

Nike 联名 PlayStation GT 赛车 4 限量套装（902/1000）

Nike x PlayStation Gran Turismo 4 Pack（902/1000）

Nike x PlayStation

0902 / 1000
PlayStation.2
E / GRAN TURISMO COLLABORATION
LIMITED EDITION. 1000

索尼公司董事长 平井一夫 Nike Air Max 90 360 联名 PlayStation 山脊赛车 专供版

Kaz Hirai(Sony Corporation Chairman)Nike Air Max 90 360 x PlayStation Ridge Racer PE

Nike Air Max 90 360

Air Max 90 360 是一款 Air Max 90 和 Air Max 360 的“合体鞋”。2006 年，索尼公司为了庆祝 PlayStation 3 的发售，特别推出了 Nike 联名 PlayStation 3 的 Air Max 90 360 鞋款。全球限量 24 双，采用黑色漆皮，Nike Swoosh 也是采用了 3M 反光材料，并且呈现渐变的颜色。

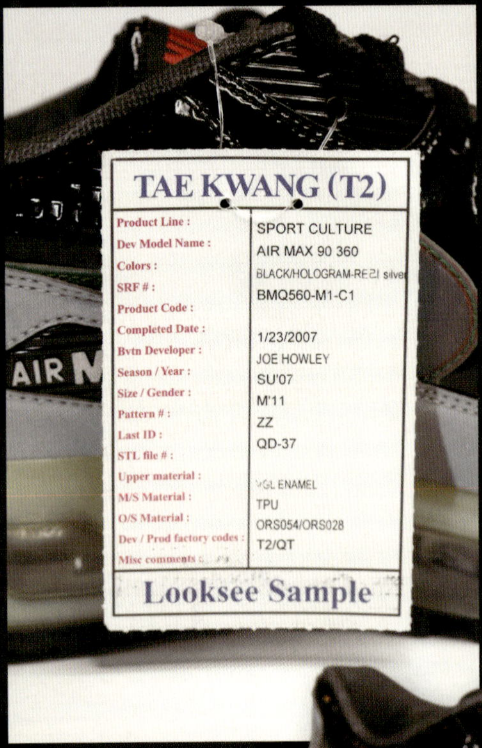

然而，耘硕收藏的这款不同于那 24 双，这是专门为 Sony 公司的总裁兼 CEO 平井一夫设计的，全球只有 6 双。Looksee Sample 多数为 US9 码，但是这款 Looksee Sample 的尺码是 US11 码，因为这是平井一夫的专属版，平井一夫的尺码就是 US11 码。山脊赛车是平井一夫最喜欢的游戏，所以 Nike 为他特别设计了 6 双带有山脊赛车镭射版的 Air Max 90 360。目前，平井一夫本人收藏两双，另外一双送给了索尼北美区的总裁，耘硕有幸收藏到一双，其余两双则分别在其他藏家手中。

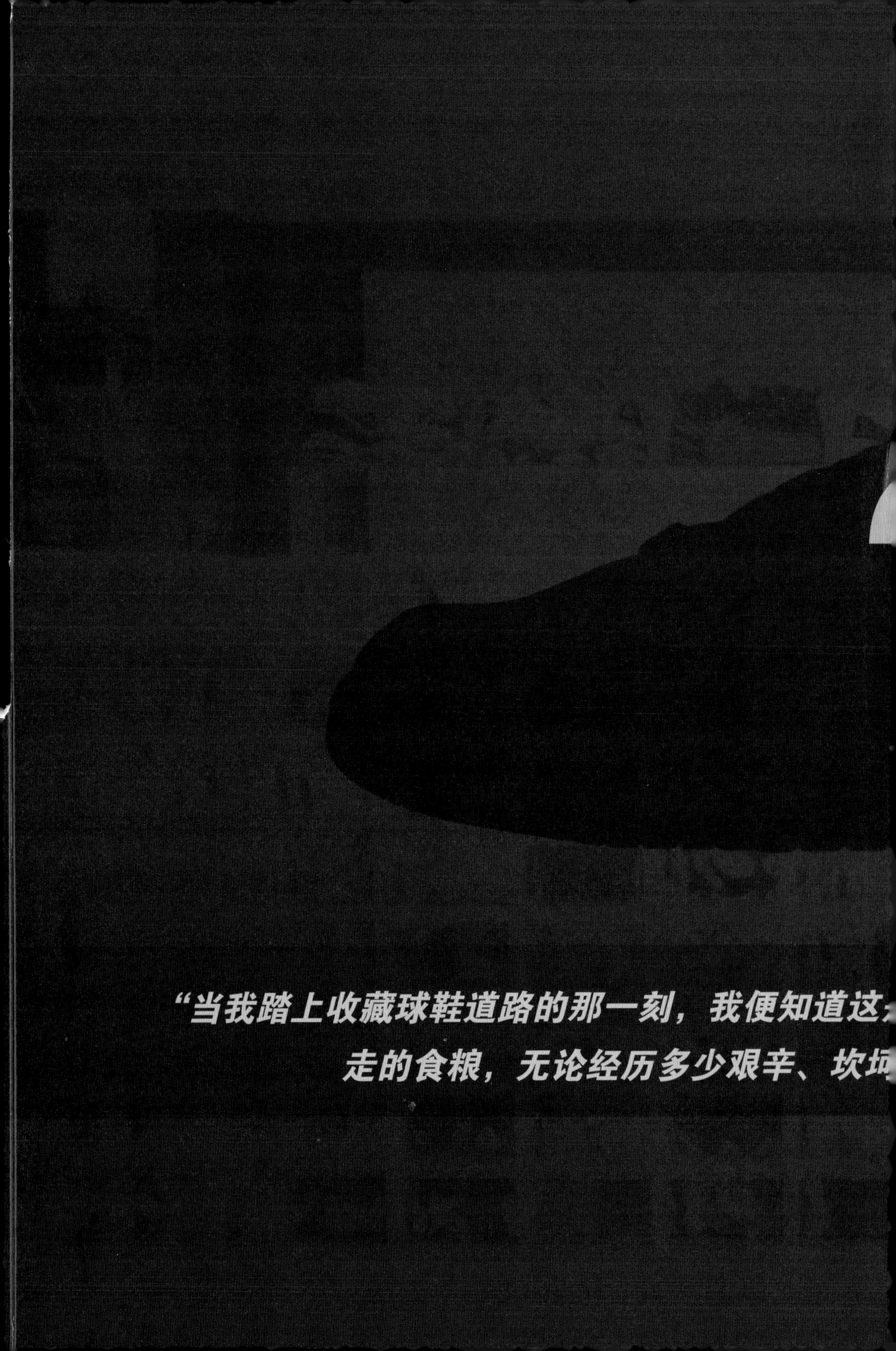

“当我踏上收藏球鞋道路的那一刻，我便知道这

走的食粮，无论经历多少艰辛、坎坷

[redacted]

条不归路，学习并且分享球鞋文化，是我能继续行

只希望走过的路都是美丽的风景……”